よくわかる

はじめに

Microsoft Excel 2016は、やさしい操作性と優れた機能を兼ね備えた統合型表計算ソフトです。

本書は、初めてExcelをお使いになる方を対象に、表の作成や編集、グラフの作成、並べ替えや抽出によるデータベース処理など基本的な機能と操作方法をわかりやすく解説しています。また、練習問題を豊富に用意しており、問題を解くことによって理解度を確認でき、着実に実力を身に付けられます。

本書は、経験豊富なインストラクターが、日頃のノウハウをもとに作成しており、講習会や授業の教材としてご利用いただくほか、自己学習の教材としても最適なテキストとなっております。

本書を通して、Excelの知識を深め、実務にいかしていただければ幸いです。

本書を購入される前に必ずご一読ください

本書は、2016年3月現在のExcel 2016（16.0.4312.1000）に基づいて解説しています。Windows Updateによって機能が更新された場合には、本書の記載のとおりに操作できなくなる可能性があります。あらかじめご了承のうえ、ご購入・ご利用ください。

2016年5月30日
FOM出版

◆Microsoft、Excel、Windowsは、米国Microsoft Corporationの米国およびその他の国における登録商標または商標です。
◆その他、記載されている会社および製品などの名称は、各社の登録商標または商標です。
◆本文中では、TMや®は省略しています。
◆本文中のスクリーンショットは、マイクロソフトの許可を得て使用しています。
◆本文およびデータファイルで題材として使用している個人名、団体名、商品名、ロゴ、連絡先、メールアドレス、場所、出来事などは、すべて架空のものです。実在するものとは一切関係ありません。

Contents 目次

■本書をご利用いただく前に …………………………………………………… 1

■第1章　Excelの基礎知識 …………………………………………… 6

　Step1　Excelの概要 …………………………………… 7
　　●1　Excelの概要 ………………………………………… 7
　Step2　Excelを起動する ……………………………… 9
　　●1　Excelの起動 ………………………………………… 9
　　●2　Excelのスタート画面 ……………………………… 10
　Step3　ブックを開く …………………………………… 11
　　●1　ブックを開く ………………………………………… 11
　　●2　Excelの基本要素 …………………………………… 13
　Step4　Excelの画面構成 ……………………………… 15
　　●1　Excelの画面構成 …………………………………… 15
　　●2　Excelの表示モード ………………………………… 17
　Step5　ブックを操作する ……………………………… 19
　　●1　シートのスクロール ………………………………… 19
　　●2　シートの挿入 ………………………………………… 20
　　●3　シートの切り替え …………………………………… 21
　Step6　ブックを閉じる ………………………………… 22
　　●1　ブックを閉じる ……………………………………… 22
　Step7　Excelを終了する ……………………………… 23
　　●1　Excelの終了 ………………………………………… 23

■第2章　データの入力 ……………………………………………… 24

　Step1　新しいブックを作成する ……………………… 25
　　●1　新しいブックの作成 ………………………………… 25
　Step2　データを入力する ……………………………… 26
　　●1　データの種類 ………………………………………… 26
　　●2　データの入力手順 …………………………………… 26
　　●3　文字列の入力 ………………………………………… 27
　　●4　数値の入力 …………………………………………… 28

	●5	列幅より長い文字列の入力	30
	●6	データの修正	31
	●7	数式の入力	33
	●8	数式の再計算	35
Step3	データを編集する		36
	●1	移動	36
	●2	コピー	38
	●3	クリア	40
Step4	セル範囲を選択する		41
	●1	セル範囲の選択	41
	●2	移動	43
Step5	ブックを保存する		44
	●1	名前を付けて保存	44
	●2	上書き保存	46
Step6	オートフィルを利用する		47
	●1	オートフィルの利用	47
練習問題			51

■第3章　表の作成 …… 52

Step1	作成するブックを確認する		53
	●1	作成するブックの確認	53
Step2	関数を入力する		54
	●1	関数	54
	●2	SUM関数	54
	●3	AVERAGE関数	56
Step3	セルを参照する		58
	●1	セルの参照	58
	●2	相対参照	59
	●3	絶対参照	60
Step4	表にレイアウトを設定する		62
	●1	罫線を引く	62
	●2	塗りつぶしの設定	63

ii

Contents

- **Step5　データを装飾する** ……………………………………………… 64
  - ●1　フォントサイズとフォントの設定 …………………………… 64
  - ●2　フォントの色の設定 …………………………………………… 65
  - ●3　太字の設定 ……………………………………………………… 66
  - ●4　表示形式の設定 ………………………………………………… 68
- **Step6　配置を調整する** ………………………………………………… 70
  - ●1　中央揃え ………………………………………………………… 70
  - ●2　セルを結合して中央揃え ……………………………………… 71
- **Step7　列幅を変更する** ………………………………………………… 72
  - ●1　列幅の変更 ……………………………………………………… 72
  - ●2　列幅の自動調整 ………………………………………………… 73
- **Step8　行を挿入・削除する** …………………………………………… 74
  - ●1　行の挿入 ………………………………………………………… 74
  - ●2　行の削除 ………………………………………………………… 75
- **Step9　表を印刷する** …………………………………………………… 76
  - ●1　印刷する手順 …………………………………………………… 76
  - ●2　印刷イメージの確認 …………………………………………… 76
  - ●3　ページ設定の変更 ……………………………………………… 77
  - ●4　印刷 ……………………………………………………………… 78
- 練習問題 ……………………………………………………………………… 79

■第4章　グラフの作成 …………………………………………………… 80

- **Step1　作成するグラフを確認する** …………………………………… 81
  - ●1　作成するグラフの確認 ………………………………………… 81
- **Step2　グラフ機能の概要** ……………………………………………… 82
  - ●1　グラフ機能 ……………………………………………………… 82
  - ●2　グラフの作成手順 ……………………………………………… 82
- **Step3　円グラフを作成する** …………………………………………… 83
  - ●1　円グラフの作成 ………………………………………………… 83
  - ●2　グラフタイトルの入力 ………………………………………… 86
  - ●3　グラフの移動 …………………………………………………… 87
  - ●4　グラフのサイズ変更 …………………………………………… 88
  - ●5　グラフのスタイルの設定 ……………………………………… 89
  - ●6　グラフの色の設定 ……………………………………………… 90
  - ●7　切り離し円の作成 ……………………………………………… 91

Step4	縦棒グラフを作成する	93
●1	縦棒グラフの作成	93
●2	グラフの場所の変更	95
●3	グラフ要素の表示	97
●4	グラフ要素の書式設定	98
練習問題		99

■第5章 データベースの利用 …… 100

Step1	操作するデータベースを確認する	101
●1	操作するデータベースの確認	101
Step2	データベース機能の概要	102
●1	データベース機能	102
●2	データベース用の表	102
Step3	データを並べ替える	104
●1	並べ替え	104
●2	複数のキーによる並べ替え	105
Step4	データを抽出する	107
●1	フィルター	107
●2	フィルターの実行	107
●3	条件のクリア	108
●4	フィルターの解除	109
練習問題		110

■総合問題 …… 112

総合問題1	113
総合問題2	114
総合問題3	115
総合問題4	116
総合問題5	117

Contents

■解答 ……………………………………………………………… 118
- 練習問題解答 ……………………………………………………… 119
- 総合問題解答 ……………………………………………………… 123

■付録1　Windows 10の基礎知識 ……………………………… 128

Step1　Windowsの概要 ……………………………………… 129
- ●1　Windowsとは ……………………………………… 129
- ●2　Windows 10とは …………………………………… 129

Step2　マウス操作とタッチ操作 ……………………………… 130
- ●1　マウス操作 ………………………………………… 130
- ●2　タッチ操作 ………………………………………… 131

Step3　Windows 10の起動 …………………………………… 132
- ●1　Windows 10の起動 ………………………………… 132

Step4　Windowsの画面構成 …………………………………… 133
- ●1　デスクトップの画面構成 ………………………… 133
- ●2　スタートメニューの表示 ………………………… 134
- ●3　スタートメニューの確認 ………………………… 135

Step5　ウィンドウの基本操作 ………………………………… 136
- ●1　アプリの起動 ……………………………………… 136
- ●2　ウィンドウの画面構成 …………………………… 138
- ●3　ウィンドウの最大化 ……………………………… 139
- ●4　ウィンドウの最小化 ……………………………… 140
- ●5　ウィンドウの移動 ………………………………… 141
- ●6　ウィンドウのサイズ変更 ………………………… 142
- ●7　アプリの終了 ……………………………………… 144

Step6　ファイルの基本操作 …………………………………… 145
- ●1　ファイル管理 ……………………………………… 145
- ●2　ファイルのコピー ………………………………… 145
- ●3　ファイルの削除 …………………………………… 147

Step7　Windows 10の終了 …………………………………… 151
- ●1　Windows 10の終了 ………………………………… 151

■付録2　Office 2016の基礎知識　……………………………… 152

Step1　コマンドの実行方法 ………………………………………… 153
- ●1　コマンドの実行 ………………………………… 153
- ●2　リボン ………………………………………… 153
- ●3　バックステージビュー ………………………… 157
- ●4　ミニツールバー ………………………………… 158
- ●5　クイックアクセスツールバー ………………… 158
- ●6　ショートカットメニュー ……………………… 159
- ●7　ショートカットキー …………………………… 159

Step2　タッチモードへの切り替え ………………………………… 160
- ●1　タッチ対応ディスプレイ ……………………… 160
- ●2　タッチモードへの切り替え …………………… 160

Step3　Excelのタッチ操作 ………………………………………… 162
- ●1　タップ ………………………………………… 162
- ●2　スライド ……………………………………… 163
- ●3　ズーム ………………………………………… 164
- ●4　ドラッグ ……………………………………… 165
- ●5　長押し ………………………………………… 166

Step4　タッチキーボード …………………………………………… 167
- ●1　タッチキーボード …………………………… 167

Step5　タッチ操作の範囲選択 ……………………………………… 169
- ●1　セル範囲の選択 ……………………………… 169
- ●2　行の選択 ……………………………………… 170
- ●3　列の選択 ……………………………………… 170

Step6　操作アシストの利用 ………………………………………… 171
- ●1　操作アシスト ………………………………… 171
- ●2　操作アシストを使ったコマンドの実行 ……… 171
- ●3　操作アシストを使ったヘルプ機能の実行 …… 173

■索引　……………………………………………………………………… 174

■ローマ字・かな対応表　………………………………………………… 181

Introduction 本書をご利用いただく前に

本書で学習を進める前に、ご一読ください。

1 本書の記述について

操作の説明のために使用している記号には、次のような意味があります。

記述	意味	例
☐	キーボード上のキーを示します。	[Ctrl] [Enter]
☐+☐	複数のキーを押す操作を示します。	[Ctrl]+[End] ([Ctrl]を押しながら[End]を押す)
《　》	ダイアログボックス名やタブ名、項目名など画面の表示を示します。	《ページ設定》ダイアログボックスが表示されます。 《挿入》タブを選択します。
「　」	重要な語句や機能名、画面の表示、入力する文字などを示します。	「ブック」といいます。 「横浜」と入力します。

 知っておくべき重要な内容

 知っていると便利な内容

 学習の前に開くファイル

※ 補足的な内容や注意すべき内容

Let's Try 学習した内容の確認問題

Let's Try Answer 確認問題の答え

 問題を解くためのヒント

2 製品名の記載について

本書では、次の名称を使用しています。

正式名称	本書で使用している名称
Windows 10	Windows 10 または Windows
Microsoft Excel 2016	Excel 2016 または Excel

3 学習環境について

本書を学習するには、次のソフトウェアが必要です。
また、インターネットに接続できる環境で学習することを前提にしています。

●Excel 2016

本書を開発した環境は、次のとおりです。
・OS：Windows 10（ビルド10586.104）
・アプリ：Microsoft Office Professional Plus 2016（16.0.4312.1000）
　　　　　Microsoft Excel 2016
・ディスプレイ：画面解像度　1024×768ピクセル
※環境によっては、画面の表示が異なる場合や記載の機能が操作できない場合があります。

◆画面解像度の設定

画面解像度を本書と同様に設定する方法は、次のとおりです。
①デスクトップの空き領域を右クリックします。
②《ディスプレイ設定》をクリックします。
③《ディスプレイの詳細設定》をクリックします。
④《解像度》の ∨ をクリックし、一覧から《1024×768》を選択します。
⑤《適用》をクリックします。
※確認メッセージが表示される場合は、《変更の維持》をクリックします。

◆ボタンの形状

ディスプレイの画面解像度やウィンドウのサイズなど、お使いの環境によって、ボタンの形状やサイズが異なる場合があります。ボタンの操作は、ポップヒントに表示されるボタン名を確認してください。
※本書に掲載しているボタンは、ディスプレイの画面解像度を「1024×768ピクセル」、ウィンドウを最大化した環境を基準にしています。

4 学習ファイルのダウンロードについて

本書で使用するファイルは、FOM出版のホームページで提供しています。
ダウンロードしてご利用ください。

ホームページ・アドレス

http://www.fom.fujitsu.com/goods/

ホームページ検索用キーワード

FOM出版

◆ダウンロード

学習ファイルをダウンロードする方法は、次のとおりです。

①ブラウザーを起動し、FOM出版のホームページを表示します。
※アドレスを直接入力するか、キーワードでホームページを検索します。
②《ダウンロード》をクリックします。
③《アプリケーション》の《Excel》をクリックします。
④《初心者のためのExcel 2016（FPT1604）》の「fpt1604.zip」をクリックします。
⑤ダウンロードが完了したら、ブラウザーを終了します。
※ダウンロードしたファイルは、パソコン内のフォルダー「ダウンロード」に保存されます。

◆ダウンロードしたファイルの解凍

ダウンロードしたファイルは圧縮されているので、解凍（展開）します。ダウンロードしたファイル「fpt1604.zip」を《ドキュメント》に解凍する方法は、次のとおりです。

①デスクトップ画面を表示します。
②タスクバーの ■ （エクスプローラー）をクリックします。

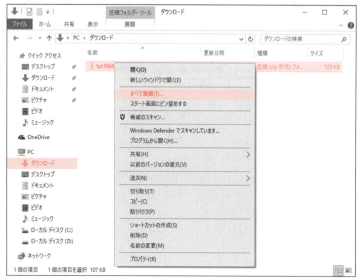

③《ダウンロード》をクリックします。
※《ダウンロード》が表示されていない場合は、《PC》をダブルクリックします。
④ファイル「fpt1604」を右クリックします。
⑤《すべて展開》をクリックします。

⑥《参照》をクリックします。

⑦《ドキュメント》をクリックします。
※《ドキュメント》が表示されていない場合は、《PC》をダブルクリックします。
⑧《フォルダーの選択》をクリックします。

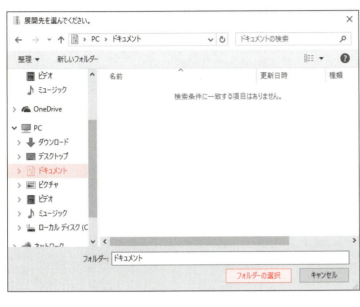

⑨《ファイルを下のフォルダーに展開する》が「C:¥Users¥(ユーザー名)¥Documents」に変更されます。
⑩《完了時に展開されたファイルを表示する》をにします。
⑪《展開》をクリックします。

⑫ファイルが解凍され、《ドキュメント》が開かれます。
⑬フォルダー「初心者のためのExcel2016」が表示されていることを確認します。
※すべてのウィンドウを閉じておきましょう。

◆学習ファイルの一覧

フォルダー「初心者のためのExcel2016」には、学習ファイルが入っています。タスクバーの ▢ （エクスプローラー）→《PC》→《ドキュメント》をクリックし、一覧からフォルダーを開いて確認してください。

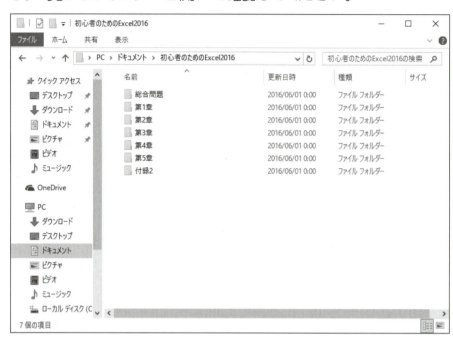

◆学習ファイルの場所

本書では、学習ファイルの場所を《ドキュメント》内のフォルダー「**初心者のためのExcel2016**」としています。《ドキュメント》以外の場所に解凍した場合は、フォルダーを読み替えてください。

◆学習ファイル利用時の注意事項

ダウンロードした学習ファイルを開く際、そのファイルが安全かどうかを確認するメッセージが表示される場合があります。学習ファイルは安全なので、**《編集を有効にする》**をクリックして、編集可能な状態にしてください。

5 本書の最新情報について

本書に関する最新のQ＆A情報や訂正情報、重要なお知らせなどについては、FOM出版のホームページでご確認ください。

ホームページ・アドレス

http://www.fom.fujitsu.com/goods/

ホームページ検索用キーワード

FOM出版

第1章 Chapter 1

Excelの基礎知識

Step1	Excelの概要	7
Step2	Excelを起動する	9
Step3	ブックを開く	11
Step4	Excelの画面構成	15
Step5	ブックを操作する	19
Step6	ブックを閉じる	22
Step7	Excelを終了する	23

Step 1 Excelの概要

1 Excelの概要

「Excel」は、表計算からグラフ作成、データ管理まで様々な機能を兼ね備えた統合型の表計算ソフトウェアです。
Excelの基本機能を確認しましょう。

1 表の作成

様々な編集機能で、数値データを扱う**「表」**を見やすく見栄えのするものにできます。

2 計算

豊富な**「関数」**が用意されています。関数を使うと、簡単な計算から高度な計算までを瞬時に行うことができます。

3 グラフの作成

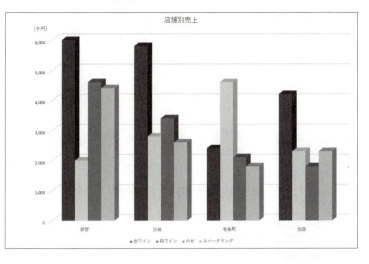

わかりやすく見やすい**「グラフ」**を簡単に作成できます。グラフを使うと、データを視覚的に表示できるので、データを比較したり傾向を把握したりするのに便利です。

4 データの管理

目的に応じて表のデータを並べ替えたり、必要なデータだけを取り出したりできます。住所録や売上台帳などの大量なデータを管理するのに便利です。

5 洗練されたデザインの利用

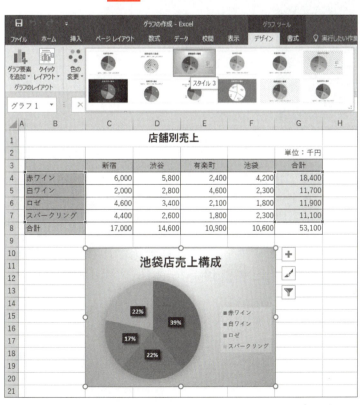

「スタイル」の機能を使って、表やグラフなどの各要素に洗練されたデザインを瞬時に適用できます。スタイルの種類が豊富に用意されており、一覧から選択するだけで見栄えを整えることができます。

Step2 Excelを起動する

1 Excelの起動

Excelを起動しましょう。

① ⊞ (スタート) をクリックします。
スタートメニューが表示されます
②《すべてのアプリ》をクリックします。

③《Excel 2016》をクリックします。

Excelが起動し、Excelのスタート画面が表示されます。
④タスクバーに ✕ が表示されていることを確認します。
※ウィンドウが最大化されていない場合は ▢ (最大化)をクリックしておきましょう。

2 Excelのスタート画面

Excelが起動すると、「**スタート画面**」が表示されます。
スタート画面でこれから行う作業を選択します。スタート画面を確認しましょう。

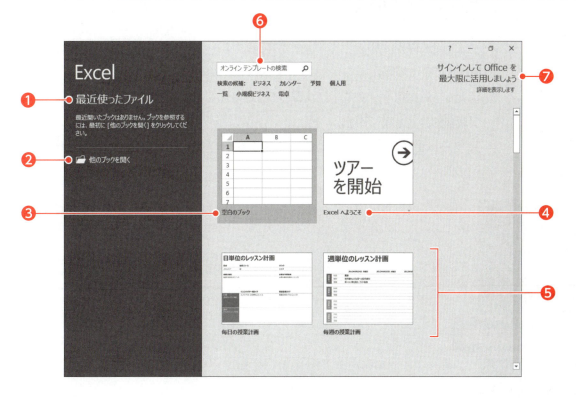

❶最近使ったファイル
最近開いたブックがある場合、その一覧が表示されます。「今日」「明日」「今週」のように時系列で分類されています。
一覧から選択すると、ブックが開かれます。

❷他のブックを開く
すでに保存済みのブックを開く場合に使います。

❸空白のブック
新しいブックを作成します。
何も入力されていない白紙のブックが表示されます。

❹Excelへようこそ
Excel 2016の新機能を紹介するブックが開かれます。

❺その他のブック
新しいブックを作成します。
あらかじめ数式や書式が設定されたブックが表示されます。

❻検索ボックス
あらかじめ数式や書式が設定されたブックをインターネット上から検索する場合に使います。

❼サインイン
複数のパソコンでブックを共有する場合や、インターネット上でブックを利用する場合に使います。

Step3 ブックを開く

1 ブックを開く

すでに保存済みのファイルをExcelのウィンドウに表示することを「**ファイルを開く**」といいます。

また、Excelのファイルは「**ブック**」といい、Excelのファイルを開くことを「**ブックを開く**」といいます。

スタート画面から、フォルダー「**第1章**」のブック「**Excelの基礎知識**」を開きましょう。

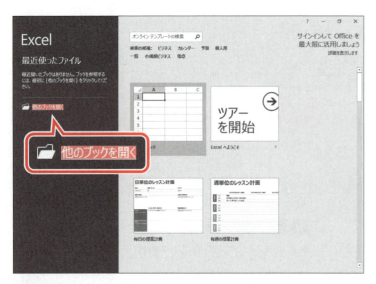

①スタート画面が表示されていることを確認します。
②《**他のブックを開く**》をクリックします。

ブックが保存されている場所を選択します。
③《**参照**》をクリックします。

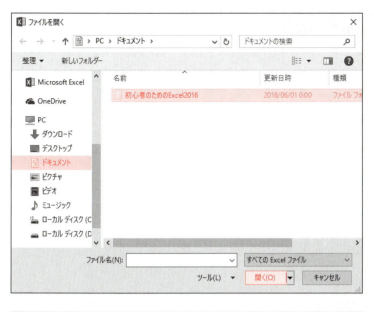

《ファイルを開く》ダイアログボックスが表示されます。

④左側の一覧から《ドキュメント》を選択します。

※《ドキュメント》が表示されていない場合は、《PC》をダブルクリックします。

⑤右側の一覧から「**初心者のためのExcel2016**」を選択します。

⑥《開く》をクリックします。

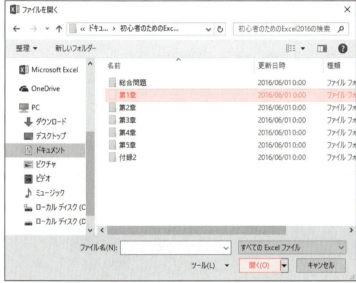

⑦一覧から「**第1章**」を選択します。

⑧《開く》をクリックします。

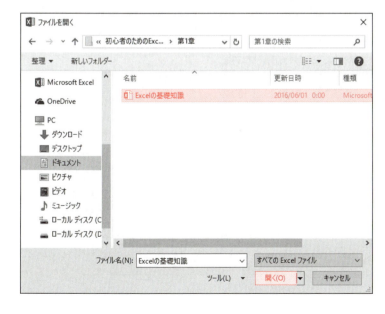

開くブックを選択します。

⑨一覧から「**Excelの基礎知識**」を選択します。

⑩《開く》をクリックします。

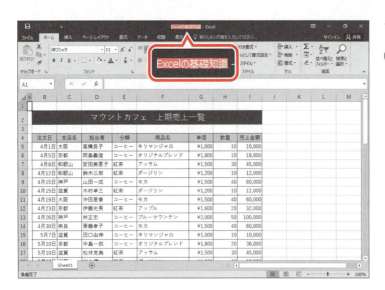

ブックが開かれます。

⑪タイトルバーにブックの名前が表示されていることを確認します。

> **POINT ▶▶▶**
>
> **ブックを開く**
> Excelを起動した状態で、既存のブックを開く方法は、次のとおりです。
> ◆《ファイル》タブ→《開く》

2 Excelの基本要素

Excelの基本的な要素を確認しましょう。

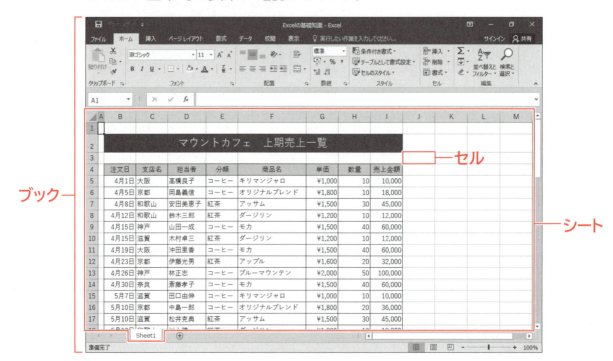

●ブック
Excelでは、ファイルのことを**「ブック」**といいます。
複数のブックを開いて、ウィンドウを切り替えながら作業できます。処理の対象になっているウィンドウを**「アクティブウィンドウ」**といいます。

●シート
表やグラフなどを作成する領域を**「ワークシート」**または**「シート」**といいます（以降、**「シート」**と記載）。
ブック内には、1枚のシートがあり、必要に応じて新しいシートを挿入してシートの枚数を増やしたり、削除したりできます。
シート1枚の大きさは、1,048,576行×16,384列です。処理の対象になっているシートを**「アクティブシート」**といい、一番手前に表示されます。

●セル
データを入力する最小単位を**「セル」**といいます。
処理の対象になっているセルを**「アクティブセル」**といい、太線で囲まれて表示されます。アクティブセルの列番号と行番号の文字の色が緑色になります。

> **POINT ▶▶▶**
>
> **行と列**
> Excelのシートは「行」と「列」で構成されています。

Step 4 Excelの画面構成

1 Excelの画面構成

Excelの画面構成を確認しましょう。

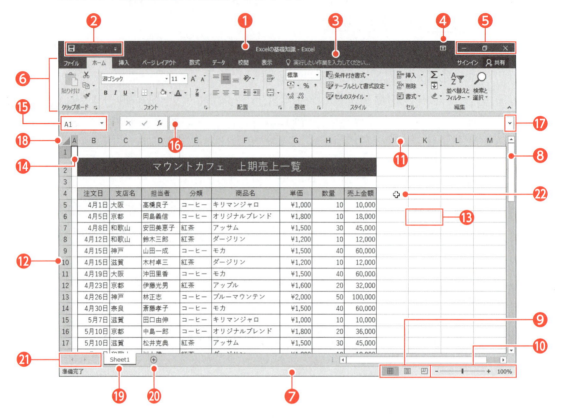

❶**タイトルバー**
ファイル名やアプリ名が表示されます。

❷**クイックアクセスツールバー**
よく使うコマンド（作業を進めるための指示）を登録できます。初期の設定では、🔲（上書き保存）、🔄（元に戻す）、🔄（やり直し）の3つのコマンドが登録されています。
※タッチ対応のパソコンでは、3つのコマンドのほかに、🔲（タッチ/マウスモードの切り替え）が登録されています。

❸**操作アシスト**
機能や用語の意味を調べたり、リボンから探し出せないコマンドをダイレクトに実行したりするときに使います。

❹**リボンの表示オプション**
リボンの表示方法を変更するときに使います。

❺**ウィンドウの操作ボタン**
🔲（最小化）
ウィンドウが一時的に非表示になり、タスクバーにアイコンで表示されます。
🔲（元に戻す（縮小））
ウィンドウが元のサイズに戻ります。
※ 🔲（最大化）
ウィンドウを元のサイズに戻すと、🔲（元に戻す（縮小））から🔲（最大化）に切り替わります。クリックすると、ウィンドウが最大化されて、画面全体に表示されます。
🔲（閉じる）
Excelを終了します。

❻ リボン

コマンドを実行するときに使います。関連する機能ごとに、タブに分類されています。

※タッチ対応のパソコンでは、《ファイル》タブと《ホーム》タブの間に、《タッチ》タブが表示される場合があります。

❼ ステータスバー

現在の作業状況や処理手順が表示されます。

❽ スクロールバー

シートの表示領域を移動するときに使います。

❾ 表示選択ショートカット

表示モードを切り替えるときに使います。

❿ ズーム

シートの表示倍率を変更するときに使います。

⓫ 列番号

シートの列番号を示します。列番号【A】から列番号【XFD】まで16,384列あります。

⓬ 行番号

シートの行番号を示します。行番号【1】から行番号【1048576】まで1,048,576行あります。

⓭ セル

列と行が交わるひとつひとつのマス目のことです。列番号と行番号で位置を表します。たとえば、K列の6行目のセルは【K6】で表します。

⓮ アクティブセル

処理の対象になっているセルのことです。

⓯ 名前ボックス

アクティブセルの位置などが表示されます。

⓰ 数式バー

アクティブセルの内容などが表示されます。

⓱ 数式バーの展開

数式バーを展開し、表示領域を拡大します。

※数式バーを展開すると、∨から∧に切り替わります。クリックすると、数式バーが折りたたまれて、表示領域がもとのサイズに戻ります。

⓲ 全セル選択ボタン

シート内のすべてのセルを選択するときに使います。

⓳ シート見出し

シートを識別するための見出しです。

⓴ 新しいシート

新しいシートを挿入するときに使います。

㉑ 見出しスクロールボタン

シート見出しの表示領域を移動するときに使います。

㉒ マウスポインター

マウスの動きに合わせて移動します。画面の位置や選択するコマンドによって形が変わります。

 ホームポジション

STEP UP セル【A1】の位置を「ホームポジション」といいます。

2 Excelの表示モード

Excelには、次のような表示モードが用意されています。
表示モードを切り替えるには、表示選択ショートカットのボタンをそれぞれクリックします。

1 標準

標準の表示モードです。文字を入力したり、表やグラフを作成したりする場合に使います。通常、この表示モードでブックを作成します。

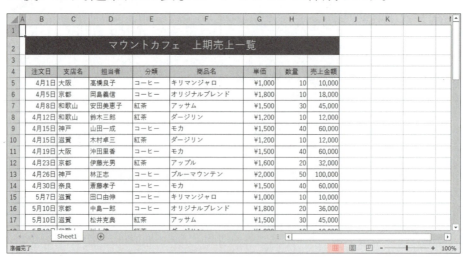

2 ページレイアウト

印刷結果に近いイメージで表示するモードです。用紙にどのように印刷されるかを確認したり、ページの上部または下部の余白領域に日付やページ番号などを入れたりする場合に使います。

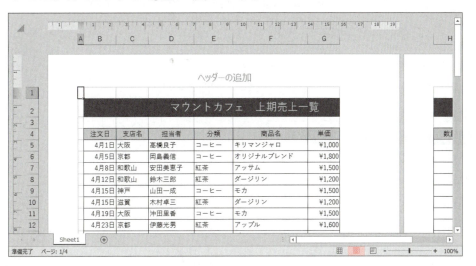

3 改ページプレビュー

印刷範囲や改ページ位置を表示するモードです。1ページに印刷する範囲を調整したり、区切りのよい位置で改ページされるように位置を調整したりする場合に使います。

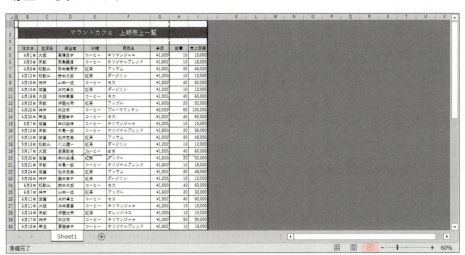

POINT ▶▶▶

表示倍率の変更

シートの表示倍率は、ズームを使って変更できます。

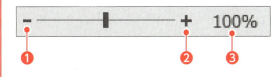

❶ 縮小
　━（縮小）をクリックすると、シートが縮小表示になります。

❷ 拡大
　╋（拡大）をクリックすると、シートが拡大表示になります。

❸ 表示倍率
　100% をクリックして、《ズーム》ダイアログボックスを表示します。倍率を選択するか、《指定》に倍率を入力して変更します。

Step 5 ブックを操作する

1 シートのスクロール

目的のセルが表示されていない場合は、スクロールバーを使ってシートの表示領域をスクロールします。
シートをスクロールして、表の下側を表示しましょう。

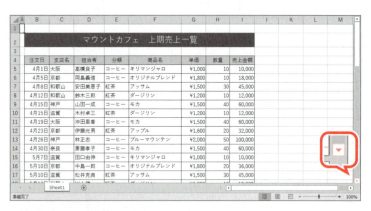

①スクロールバーの ▼ をクリックします。

1行下にスクロールします。
※このときアクティブセルの位置は変わりません。

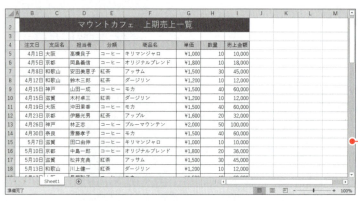

②スクロールバーの図の位置をクリックします。

──この位置をクリック

1画面下にスクロールします。
※表の一番上を表示しておきましょう。

その他の方法（スクロール）

スクロール方法には、次のようなものがあります。

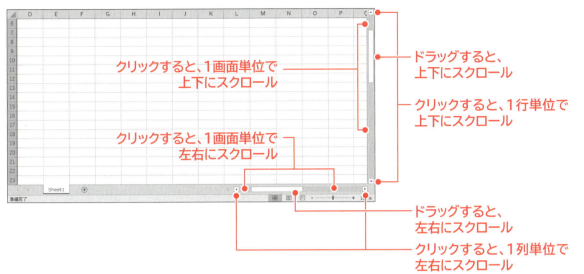

スクロール機能付きマウス

多くのマウスには、スクロール機能付きの「ホイール」が装備されています。ホイールを使うと、スクロールバーを使わなくても上下にスクロールできます。

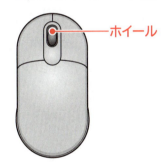

2 シートの挿入

シートは必要に応じて挿入したり、削除したりできます。
新しいシートを挿入しましょう。

①（新しいシート）をクリックします。

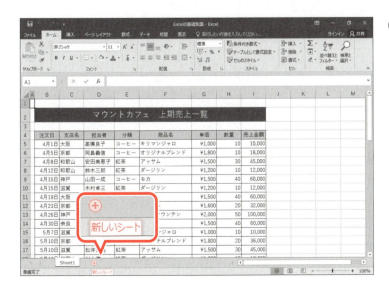

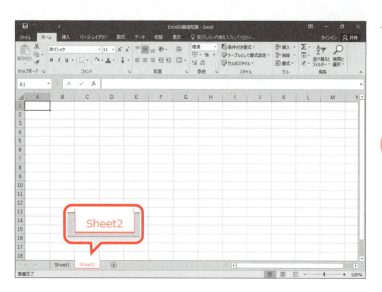

シートが挿入されます。

> **POINT ▶▶▶**
>
> **シートの削除**
> シートを削除する方法は、次のとおりです。
> ◆削除するシートのシート見出しを右クリック→《削除》

3 シートの切り替え

シートを切り替えるには、シート見出しをクリックします。
シート「Sheet1」に切り替えましょう。

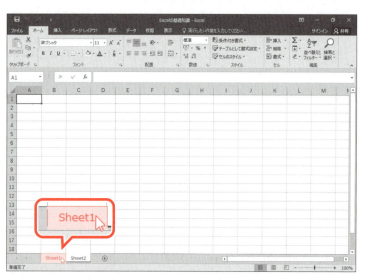

①シート「Sheet1」のシート見出しをポイントします。
マウスポインターの形が に変わります。

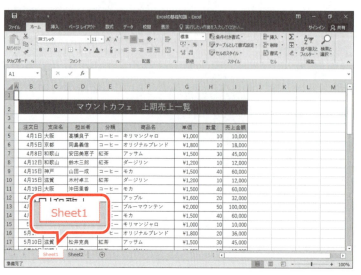

②クリックします。
シート「Sheet1」に切り替わります。

Step 6 ブックを閉じる

1 ブックを閉じる

開いているブックの作業を終了することを「**ブックを閉じる**」といいます。
ブック「**Excelの基礎知識**」を保存せずに閉じましょう。

①《**ファイル**》タブを選択します。

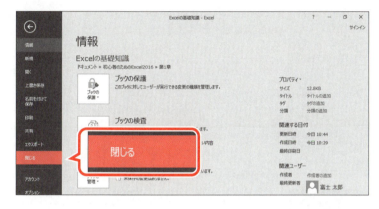

②《**閉じる**》をクリックします。

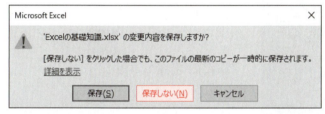

図のようなメッセージが表示されます。
③《**保存しない**》をクリックします。

ブックが閉じられます。

ブックを変更して保存せずに閉じた場合

ブックの内容を変更して保存せずに閉じると、保存するかどうかを確認するメッセージが表示されます。

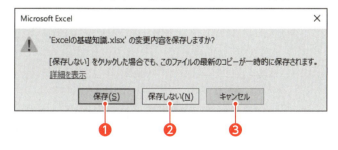

❶ **保存**
ブックを保存し、閉じます。
❷ **保存しない**
ブックを保存せずに、閉じます。
❸ **キャンセル**
ブックを閉じる操作を取り消します。

Step7 Excelを終了する

1 Excelの終了

Excelを終了しましょう。

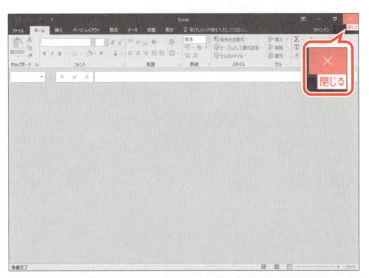

① ×（閉じる）をクリックします。

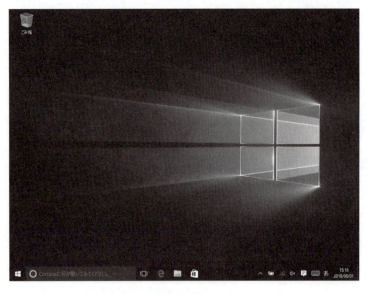

Excelのウィンドウが閉じられ、デスクトップが表示されます。

②タスクバーから が消えていることを確認します。

第2章 **Chapter 2**

データの入力

Step1	新しいブックを作成する	25
Step2	データを入力する	26
Step3	データを編集する	36
Step4	セル範囲を選択する	41
Step5	ブックを保存する	44
Step6	オートフィルを利用する	47
練習問題		51

Step 1 新しいブックを作成する

1 新しいブックの作成

Excelを起動し、新しいブックを作成しましょう。

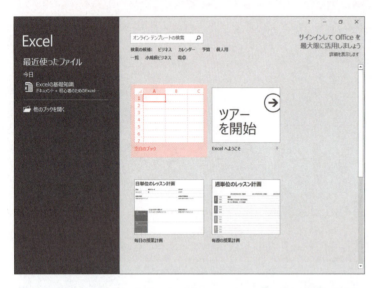

①Excelを起動し、Excelのスタート画面を表示します。
②《空白のブック》をクリックします。

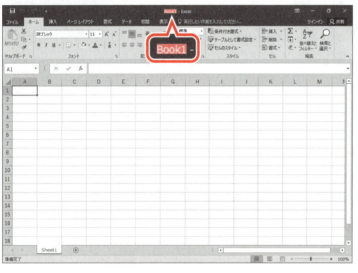

新しいブックが開かれます。
③タイトルバーに「Book1」と表示されていることを確認します。

> **POINT ▶▶▶**
>
> **新しいブックの作成**
> Excelを起動した状態で、新しいブックを作成する方法は、次のとおりです。
> ◆《ファイル》タブ→《新規》→《空白のブック》

Step 2 データを入力する

1 データの種類

Excelで扱うデータには「**文字列**」と「**数値**」があります。

データの種類	計算対象	セル内の配置
文字列	計算対象にならない	左揃えで表示
数値	計算対象になる	右揃えで表示

※日付や数式は「数値」に含まれます。
※文字列は計算対象になりませんが、文字列を使った数式を入力することもあります。

2 データの入力手順

1 セルをアクティブセルにする

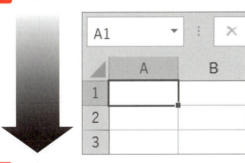

データを入力するセルをクリックし、アクティブセルにします。

2 データを入力する

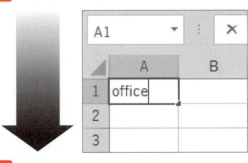

入力モードを確認し、キーボードからデータを入力します。

3 データを確定する

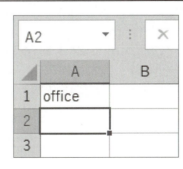

[Enter]を押して、入力したデータを確定します。

3 文字列の入力

セル【B2】に「店舗集計」と入力しましょう。

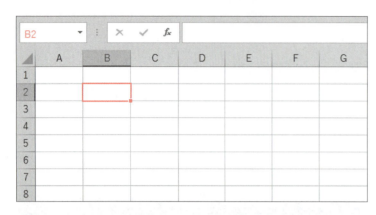

データを入力するセルをアクティブセルにします。
①セル【B2】をクリックします。
名前ボックスに「B2」と表示されます。

②入力モードを あ にします。
※入力モードは、[半角/全角漢字]で切り替えます。

データを入力します。
③「店舗集計」と入力します。
数式バーにデータが表示されます。

データを確定します。
④[Enter]を押します。
アクティブセルがセル【B3】に移動します。
⑤入力した文字列が左揃えで表示されていることを確認します。

⑥同様に、次のようにデータを入力します。

| セル【B5】：渋谷 |
| セル【B6】：六本木 |
| セル【C4】：ケーキ |
| セル【D4】：プリン |
| セル【E3】：個 |

> **POINT ▶▶▶**
>
> ### 入力モードの切り替え
>
> 入力するデータに応じて、[半角/全角/漢字]を使って入力モードを切り替えましょう。
> 原則的に、半角英数字を入力するときは[A]、ひらがな・カタカナ・漢字などを入力するときは[あ]に設定します。

> **POINT ▶▶▶**
>
> ### 入力中のデータの取り消し
>
> 入力中のデータを1文字ずつ取り消すには、[Back Space]を押します。
> すべてを取り消すには、[Esc]を押します。

📖 データの確定

STEP UP 次のキー操作で、入力したデータを確定できます。
キー操作によって、確定後にアクティブセルが移動する方向は異なります。

アクティブセルの移動方向	キー操作
下へ	[Enter] または [↓]
上へ	[Shift]+[Enter] または [↑]
右へ	[Tab] または [→]
左へ	[Shift]+[Tab] または [←]

4 数値の入力

数値を入力するとき、キーボードにテンキー（キーボード右側の数字がまとめられた箇所）がある場合は、テンキーを使うと効率的です。
セル【C5】に「160」と入力しましょう。

データを入力するセルをアクティブセルにします。
①セル【C5】をクリックします。
名前ボックスに「C5」と表示されます。

②入力モードを[A]にします。
※入力モードは、[半角/全角/漢字]で切り替えます。

28

データを入力します。

③「160」と入力します。

数式バーにデータが表示されます。

データを確定します。

④ Enter を押します。

アクティブセルがセル【C6】に移動します。

⑤入力した数値が右揃えで表示されていることを確認します。

⑥同様に、次のようにデータを入力します。

> セル【C6】:150
> セル【D5】:90
> セル【D6】:190

 POINT ▶▶▶

日付の入力

「6/1」のように「/（スラッシュ）」または「−（ハイフン）」で区切って月日を入力すると、「6月1日」の形式で表示されます。日付をこの規則で入力しておくと、「平成28年6月1日」のように表示形式を変更したり、日付をもとに計算したりできます。

5 列幅より長い文字列の入力

列幅より長い文字列を入力すると、どのように表示されるかを確認しましょう。
セル【B1】に「デザート注文数」と入力しましょう。

①セル【B1】をクリックします。
※入力モードを あ にしておきましょう。
②「デザート注文数」と入力します。
③ Enter を押します。

④セル【B1】をクリックします。
⑤数式バーに「**デザート注文数**」と表示されていることを確認します。

⑥セル【C1】をクリックします。
⑦数式バーが空白であることを確認します。
※数式バーには、アクティブセルの内容が表示されます。セルに何も入力されていない場合、数式バーは空白になります。

セル【C1】にデータを入力します。
⑧セル【C1】がアクティブセルになっていることを確認します。
⑨「合計」と入力します。
⑩ Enter を押します。

⑪セル【B1】をクリックします。
⑫数式バーに「**デザート注文数**」と表示されていることを確認します。
※右隣のセルにデータが入力されている場合、列幅を超える部分は表示されませんが、実際のデータはセル【B1】に入力されています。

30

6 データの修正

セルに入力したデータを修正するには、次の2つの方法があります。修正内容や入力状況に応じて使い分けます。

●上書きして修正する
セルの内容を大幅に変更する場合は、入力されたデータの上から新しいデータを入力しなおします。

	A	B
1	Office	
2		

→

	A	B
1	Excel	
2		

●編集状態にして修正する
セルの内容を部分的に変更する場合は、対象となるセルを編集できる状態にしてデータを修正します。

	A	B
1	Excel	
2		

→

	A	B
1	Excel2016	
2		

1 上書きして修正する

データを上書きして、「六本木」を「横浜」に修正しましょう。

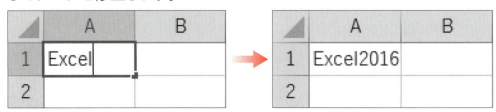

①セル【B6】をクリックします。
②「横浜」と入力します。

③ Enter を押します。
セル【B6】に修正した内容が表示されます。

2 編集状態にして修正する

データを編集状態にして、「**デザート注文数**」を「**新作デザート注文数**」に修正しましょう。

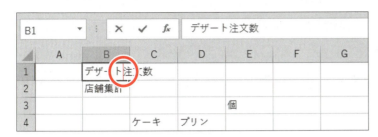

①セル【B1】をダブルクリックします。
セルが編集状態になり、カーソルが表示されます。

②「デザート」の左をクリックします。
「**デザート**」の左側にカーソルが移動します。
※編集状態では、←→でカーソルを移動することもできます。

③「**新作**」と入力します。
④ Enter を押します。
セル【B1】に修正した内容が表示されます。

POINT ▶▶▶

文字の編集

編集状態で文字を挿入するには、挿入する位置にカーソルを移動して入力します。
編集状態で文字を部分的に削除するには、 Delete または Back Space を使います。

Delete　カーソルの後ろの文字を削除する
Back Space　カーソルの前の文字を削除する

Windows

Back Space を押すと、「w」が削除される　　Delete を押すと、「s」が削除される

 再変換

確定した文字を変換しなおすことができます。
セルを編集状態にして、再変換する文字内にカーソルを移動し、 変換 を押します。変換候補の一覧が表示されるので、別の文字を選択します。

7 数式の入力

「**数式**」を使うと、入力されている値をもとに計算を行い、計算結果を表示できます。数式は先頭に「**=（等号）**」を入力し、続けてセルを参照しながら演算記号を使って入力します。

セル【E5】に「**渋谷**」の数値を合計する数式、セル【C7】に「**ケーキ**」の数値を合計する数式を入力しましょう。

①セル【E5】をクリックします。
※入力モードを A にしておきましょう。
②「=」を入力します。
③セル【C5】をクリックします。
セル【C5】が点線で囲まれ、数式バーに「**=C5**」と表示されます。

④「+」を入力します。
⑤セル【D5】をクリックします。
セル【D5】が点線で囲まれ、数式バーに「**=C5+D5**」と表示されます。

⑥ Enter を押します。
セル【E5】に計算結果の「**250**」が表示されます。
※セルに数式を入力すると、セルには計算結果だけが表示されます。セル内の数式を確認したい場合は、セルをクリックして数式バーで確認します。

⑦セル【C7】をクリックします。
⑧「=」を入力します。
⑨セル【C5】をクリックします。
⑩「+」を入力します。
⑪セル【C6】をクリックします。

⑫ [Enter]を押します。
セル【C7】に計算結果が表示されます。

	A	B	C	D	E	F	G
1		新作デザー	合計				
2		店舗集計					
3					個		
4			ケーキ	プリン			
5		渋谷	160	90	250		
6		横浜	150	190			
7			310				
8							
9							

Let's Try

ためしてみよう

①セル【E6】に「横浜」の数値を合計する数式を入力しましょう。
②セル【D7】に「プリン」の数値を合計する数式を入力しましょう。
③セル【E7】に全体の数値を合計する数式を入力しましょう。

	A	B	C	D	E	F	G
1		新作デザー	合計				
2		店舗集計					
3					個		
4			ケーキ	プリン			
5		渋谷	160	90	250		
6		横浜	150	190	340		
7			310	280	590		
8							

Let's Try Answer

①
① セル【E6】をクリック
② 「=」を入力
③ セル【C6】をクリック
④ 「+」を入力
⑤ セル【D6】をクリック
⑥ [Enter]を押す

②
① セル【D7】をクリック
② 「=」を入力
③ セル【D5】をクリック
④ 「+」を入力
⑤ セル【D6】をクリック
⑥ [Enter]を押す

③
① セル【E7】をクリック
② 「=」を入力
③ セル【E5】をクリック
④ 「+」を入力
⑤ セル【E6】をクリック
⑥ [Enter]を押す

POINT ▶▶▶

演算記号

数式を入力するときの演算記号は、次のとおりです。

演算記号	計算方法	一般的な数式	入力する数式
＋（プラス）	たし算	2+3	=2+3
－（マイナス）	ひき算	2−3	=2−3
＊（アスタリスク）	かけ算	2×3	=2*3
／（スラッシュ）	わり算	2÷3	=2/3
＾（キャレット）	べき乗	2^3	=2^3

8 数式の再計算

セルを参照して数式を入力しておくと、セルの数値を変更したとき、自動的に再計算されて計算結果が更新されます。
セル【C5】の数値を「160」から「60」に変更しましょう。

①セル【E5】、セル【C7】、セル【E7】の計算結果を確認します。
②セル【C5】をクリックします。

③「60」と入力します。
④ Enter を押します。
⑤再計算され、セル【E5】、セル【C7】、セル【E7】の計算結果が更新されていることを確認します。

POINT ▶▶▶

数式の入力

セルを参照せずに、「＝160+150」のように数値そのものを使って数式を入力した場合、数式は再計算されません。

Step3 データを編集する

1 移動

データを移動する手順は、次のとおりです。

1 移動元のセルを選択

移動元のセルを選択します。

2 切り取り

 (切り取り)をクリックすると、選択しているセルのデータが「クリップボード」と呼ばれる領域に一時的に記憶されます。

3 移動先のセルを選択

移動先のセルを選択します。

4 貼り付け

 (貼り付け)をクリックすると、クリップボードに記憶されているデータが選択しているセルに移動します。

セル【C1】の「合計」をセル【B7】に移動しましょう。

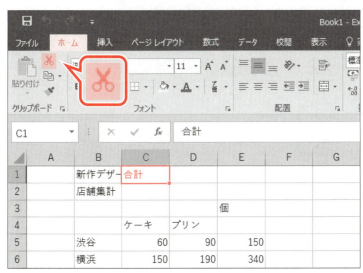

移動元のセルを選択します。
①セル【C1】をクリックします。
②《ホーム》タブを選択します。
③《クリップボード》グループの (切り取り)をクリックします。

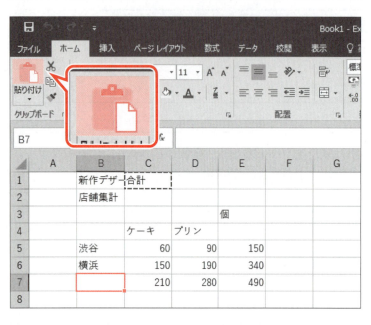

セル【C1】が点線で囲まれます。

移動先のセルを選択します。
④セル【B7】をクリックします。
⑤《クリップボード》グループの （貼り付け）をクリックします。

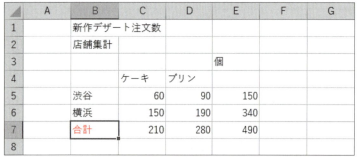

「**合計**」が移動します。

> **POINT**
>
> **ボタンの形状**
>
> ディスプレイの画面解像度やウィンドウのサイズなど、お使いの環境によって、ボタンの形状やサイズが異なる場合があります。ボタンの操作は、ポップヒントに表示されるボタン名を確認してください。
>
> 例：セルを結合して中央揃え
>
> 例：セルの挿入

2 コピー

データをコピーする手順は、次のとおりです。

1 コピー元のセルを選択

コピー元のセルを選択します。

2 コピー

(コピー)をクリックすると、選択しているセルのデータが「クリップボード」と呼ばれる領域に一時的に記憶されます。

3 コピー先のセルを選択

コピー先のセルを選択します。

4 貼り付け

(貼り付け)をクリックすると、クリップボードに記憶されているデータが選択しているセルにコピーされます。

セル【B7】の「合計」をセル【E4】にコピーしましょう。

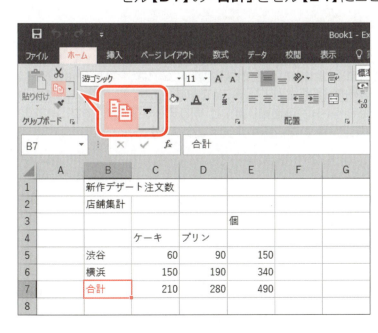

コピー元のセルを選択します。
①セル【B7】をクリックします。
②《ホーム》タブを選択します。
③《クリップボード》グループの（コピー）をクリックします。

セル【B7】が点線で囲まれます。

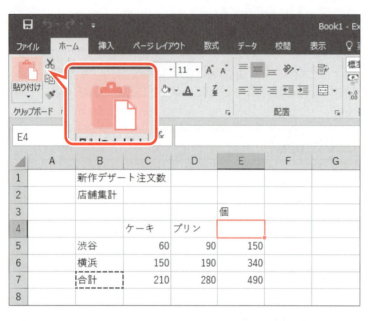

コピー先のセルを選択します。
④セル【E4】をクリックします。
⑤《クリップボード》グループの （貼り付け）をクリックします。

「合計」がコピーされ、(Ctrl)▼（貼り付けのオプション）が表示されます。
※ Esc を押して、点線と (Ctrl)▼ （貼り付けのオプション）を非表示にしておきましょう。

> **POINT ▶▶▶**
>
> ### クリップボード
> 「切り取り」や「コピー」を実行すると、セルが点線で囲まれます。これは、「クリップボード」と呼ばれる領域にデータが一時的に記憶されていることを意味します。
> セルが点線で囲まれている間に「貼り付け」を繰り返すと、同じデータを連続してコピーできます。 Esc を押すと、セルを囲んでいた点線が非表示になります。

STEP UP 貼り付けのオプション

「コピー」と「貼り付け」を実行すると、 (Ctrl)▼ (貼り付けのオプション)が表示されます。
クリックすると表示される一覧から、もとの書式のままコピーするか、値だけをコピーするかなどを一覧から選択できます。

3 クリア

セルのデータを消去することを**「クリア」**といいます。
セル【B2】に入力したデータをクリアしましょう。

	A	B	C	D	E	F	G
1		新作デザート注文数					
2		店舗集計					
3					個		
4			ケーキ	プリン	合計		
5		渋谷	60	90	150		
6		横浜	150	190	340		
7		合計	210	280	490		
8							

データをクリアするセルをアクティブセルにします。
①セル【B2】をクリックします。
②[Delete]を押します。

	A	B	C	D	E	F	G
1		新作デザート注文数					
2							
3					個		
4			ケーキ	プリン	合計		
5		渋谷	60	90	150		
6		横浜	150	190	340		
7		合計	210	280	490		
8							

データがクリアされます。

! POINT ▶▶▶
操作の取り消し
直前の操作を取り消す方法は、次のとおりです。
◆クイックアクセスツールバーの ↻ (元に戻す)

Step 4 セル範囲を選択する

1 セル範囲の選択

セルの集まりを「**セル範囲**」といいます。セル範囲を対象に操作するには、あらかじめ対象となるセル範囲を選択しておきます。

セル範囲【B4:E7】を選択しましょう。

※本書では、セル【B4】からセル【E7】までのセル範囲を、セル範囲【B4:E7】と記載しています。

①セル【B4】をポイントします。
マウスポインターの形が ✚ に変わります。

②図のようにセル【B4】からセル【E7】までドラッグします。

セル範囲【B4:E7】が選択されます。
※選択されているセル範囲は、太い枠線で囲まれ、薄い灰色の背景色になります。
※選択したセル範囲の右下に （クイック分析）が表示されます。

セル範囲の選択を解除します。

③任意のセルをクリックします。

クイック分析

STEP UP データが入力されているセル範囲を選択すると、（クイック分析）が表示されます。クリックすると表示される一覧から、数値の大小関係が視覚的にわかるように書式を設定したり、グラフを作成したり、合計を求めたりすることができます。

POINT ▶▶▶

セル範囲の選択

行の選択
◆行番号をクリック

列の選択
◆列番号をクリック

複数行の選択
◆行番号をドラッグ

複数列の選択
◆列番号をドラッグ

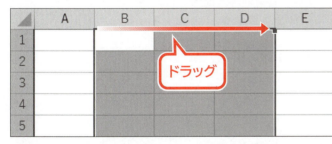

複数のセル範囲の選択
◆1つ目のセル範囲を選択→ Ctrl を押しながら、2つ目以降のセル範囲を選択

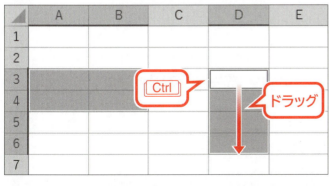

シート全体の選択
◆全セル選択ボタンをクリック

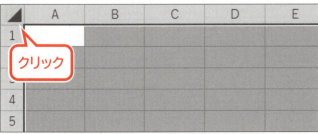

2 移動

選択したセル範囲に対して、コマンドを実行しましょう。
セル範囲【B1:E7】を、セル【A1】を開始位置として移動しましょう。

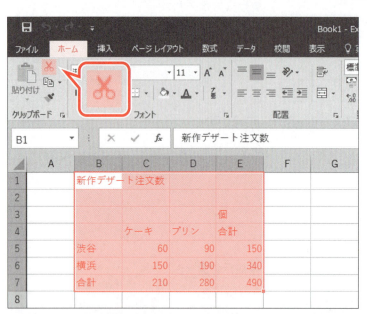

移動元のセルを選択します。
①セル範囲【B1:E7】を選択します。
②《ホーム》タブを選択します。
③《クリップボード》グループの ✂
　（切り取り）をクリックします。

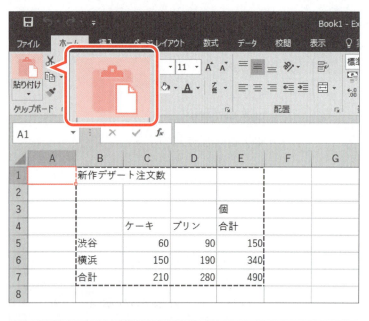

移動先のセルを選択します。
④セル【A1】をクリックします。
⑤《クリップボード》グループの 📋
　（貼り付け）をクリックします。

データが移動します。

Step 5 ブックを保存する

1 名前を付けて保存

作成したブックを残しておくには、ブックに名前を付けて保存します。
作成したブックに**「データの入力完成」**と名前を付けて、フォルダー**「第2章」**に保存しましょう。

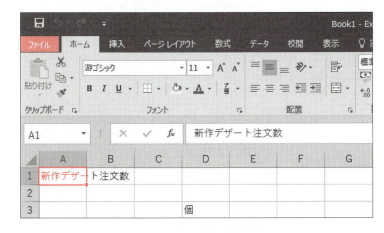

①セル【A1】をクリックします。
②《**ファイル**》タブを選択します。

> **POINT ▶▶▶**
> **アクティブシートとアクティブセルの保存**
> ブックを保存すると、アクティブシートとアクティブセルの位置も合わせて保存されます。
> 次に作業するときに便利なセルを選択して、ブックを保存しましょう。

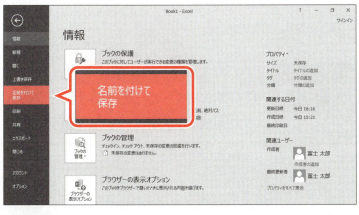

③《**名前を付けて保存**》をクリックします。

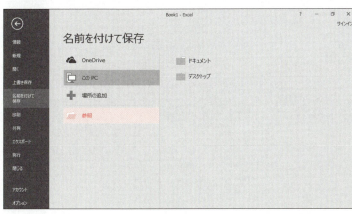

ブックを保存する場所を選択します。
④《**参照**》をクリックします。

44

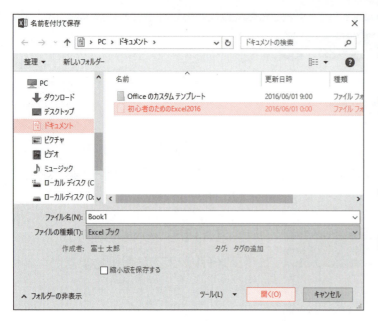

《名前を付けて保存》ダイアログボックスが表示されます。
ブックを保存する場所を指定します。
⑤左側の一覧から《ドキュメント》を選択します。
※《ドキュメント》が表示されていない場合は、《PC》をダブルクリックします。
⑥右側の一覧から「**初心者のためのExcel2016**」を選択します。
⑦《**開く**》をクリックします。

⑧一覧から「**第2章**」を選択します。
⑨《**開く**》をクリックします。
⑩《**ファイル名**》に「**データの入力完成**」と入力します。
⑪《**保存**》をクリックします。

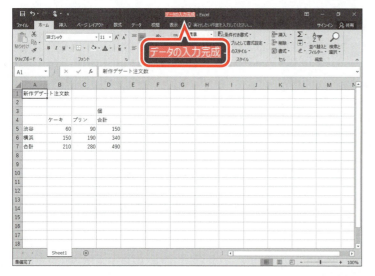

ブックが保存されます。
⑫タイトルバーにブック名「**データの入力完成**」が表示されていることを確認します。

ブックの自動保存

STEP UP　作成中のブックは、一定の間隔で自動的にコンピューター内に保存されます。
ブックを保存せずに閉じてしまった場合は、自動的に保存されたブックの一覧から復元できることがあります。
保存していないブックを復元する方法は、次のとおりです。

◆《ファイル》タブ→《情報》→《ブックの管理》→《保存されていないブックの回復》→ブックを選択→《開く》

※操作のタイミングによって、完全に復元されるとは限りません。

2　上書き保存

ブック「**データの入力完成**」の内容を一部変更して保存しましょう。保存されているブックの内容を更新するには、上書き保存します。

セル【**C4**】の「**プリン**」を「**クレープ**」に修正し、ブックを上書き保存しましょう。

①セル【C4】をクリックします。
②「クレープ」と入力します。
③ Enter を押します。
セル【C4】に上書きした内容が表示されます。

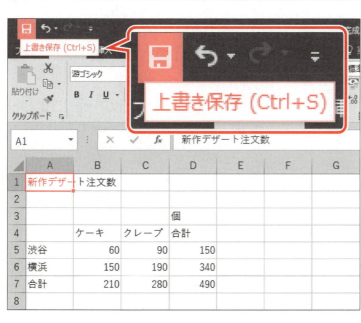

④セル【A1】をクリックします。
⑤クイックアクセスツールバーの 🖫 （上書き保存）をクリックします。
上書き保存されます。
※次の操作のために、ブックを閉じておきましょう。

❗ POINT ▶▶▶

名前を付けて保存と上書き保存

更新前のブックも更新後のブックも保存するには、「名前を付けて保存」で別の名前を付けて保存します。
「上書き保存」では、更新前のブックは保存されません。

Step6 オートフィルを利用する

1 オートフィルの利用

「オートフィル」は、セルの右下の■（フィルハンドル）を使って連続性のあるデータを隣接するセルに入力する機能です。

フォルダー「第2章」のブック「オートフィルの利用」を開いておきましょう。

1 日付の入力

オートフィルを使って、セル範囲【D4:I4】に「4月」から「9月」までの月を入力しましょう。

①セル【D4】に「4月」と入力します。
②　Enter　を押します。

③セル【D4】をクリックします。
④セル【D4】の右下の■（フィルハンドル）をポイントします。
マウスポインターの形が ✛ に変わります。

⑤図のように、セル【I4】までドラッグします。
ドラッグ中、入力されるデータがポップヒントで表示されます。

連続する月が入力され、（オートフィルオプション）が表示されます。

> **POINT**
>
> **連続データの入力**
>
> オートフィルを利用して、「月曜日」～「日曜日」、「第1四半期」～「第4四半期」なども入力できます。

オートフィルオプション

オートフィルを実行すると、 が表示されます。
クリックすると表示される一覧から、書式の有無を指定したり、日付の単位を変更したりできます。

- ○ セルのコピー(C)
- ◉ 連続データ(S)
- ○ 書式のみコピー (フィル)(F)
- ○ 書式なしコピー (フィル)(O)
- ○ 連続データ (月単位)(M)

2 数値の入力

オートフィルを使って、B列に「101」「102」「103」・・・と、1ずつ増加する数値を入力しましょう。

①セル【B5】に「101」と入力します。
②〔Enter〕を押します。

③セル【B5】をクリックします。
④セル【B5】の右下の■（フィルハンドル）をポイントします。
マウスポインターの形が ✚ に変わります。

⑤図のように、セル【B10】までドラッグします。

「101」がコピーされ、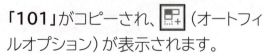（オートフィルオプション）が表示されます。

⑥ 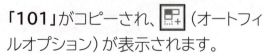（オートフィルオプション）をクリックします。

※ 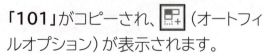（オートフィルオプション）をポイントすると、になります。

⑦《連続データ》をクリックします。

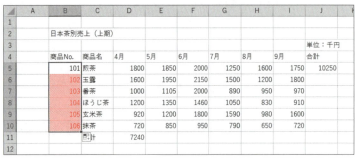

1ずつ増加する数値になります。

3 数式のコピー

オートフィルを使うと、簡単に数式をコピーできます。
オートフィルを使って、セル【J5】に入力されている数式をコピーしましょう。

セル【J5】に入力されている数式を確認します。

①セル【J5】をクリックします。

②数式バーに「＝D5＋E5＋F5＋G5＋H5＋I5」と表示されていることを確認します。

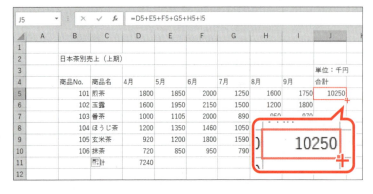

③セル【J5】の右下の■（フィルハンドル）をポイントします。

マウスポインターの形が＋に変わります。

J5 | =D5+E5+F5+G5+H5+I5

	A	B	C	D	E	F	G	H	I	J
1										
2		日本茶別売上（上期）								
3										単位：千円
4		商品No.	商品名	4月	5月	6月	7月	8月	9月	合計
5		101	煎茶	1800	1850	2000	1250	1600	1750	10250
6		102	玉露	1600	1950	2150	1500	1200	1800	
7		103	番茶	1000	1105	2000	890	950	970	
8		104	ほうじ茶	1200	1350	1460	1050	830	910	
9		105	玄米茶	920	1200	1800	1590	980	1600	
10		106	抹茶	720	850	950	790	650	720	
11			合計	7240						
12										

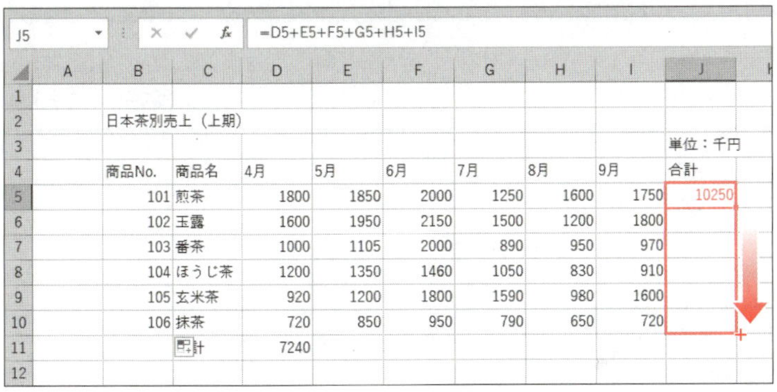

④図のように、セル**【J10】**までドラッグします。

J6 | =D6+E6+F6+G6+H6+I6

	A	B	C	D	E	F	G	H	I	J
1										
2		日本茶別売上（上期）								
3										単位：千円
4		商品No.	商品名	4月	5月	6月	7月	8月	9月	合計
5		101	煎茶	1800	1850	2000	1250	1600	1750	10250
6		102	玉露	1600	1950	2150	1500	1200	1800	10200
7		103	番茶	1000	1105	2000	890	950	970	6915
8		104	ほうじ茶	1200	1350	1460	1050	830	910	6800
9		105	玄米茶	920	1200	1800	1590	980	1600	8090
10		106	抹茶	720	850	950	790	650	720	4680
11			合計	7240						
12										

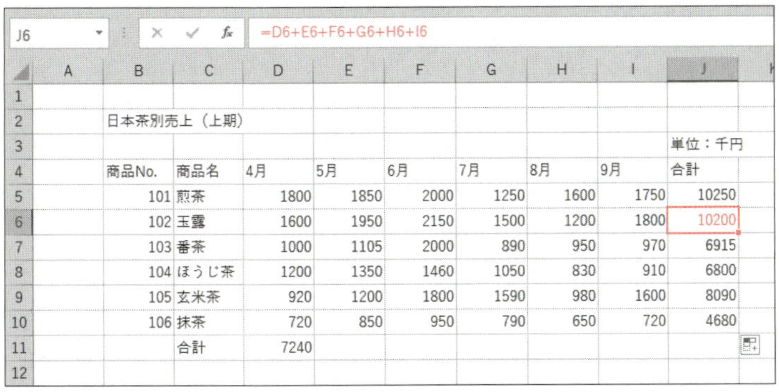

数式がコピーされます。

⑤セル**【J6】**をクリックします。

⑥数式バーに**「=D6+E6+F6+G6+H6+I6」**と表示されていることを確認します。

※数式をコピーすると、コピー先の数式のセル参照は自動的に調整されます。

※セル範囲【J7:J10】のそれぞれのセルをアクティブセルにして、数式バーで数式の内容を確認しましょう。

Let's Try ためしてみよう

セル【D11】の数式をセル範囲【E11:J11】にコピーしましょう。

	A	B	C	D	E	F	G	H	I	J	K
1											
2		日本茶別売上（上期）									
3										単位：千円	
4		商品No.	商品名	4月	5月	6月	7月	8月	9月	合計	
5		101	煎茶	1800	1850	2000	1250	1600	1750	10250	
6		102	玉露	1600	1950	2150	1500	1200	1800	10200	
7		103	番茶	1000	1105	2000	890	950	970	6915	
8		104	ほうじ茶	1200	1350	1460	1050	830	910	6800	
9		105	玄米茶	920	1200	1800	1590	980	1600	8090	
10		106	抹茶	720	850	950	790	650	720	4680	
11			合計	7240	8305	10360	7070	6210	7750	46935	
12											
13											

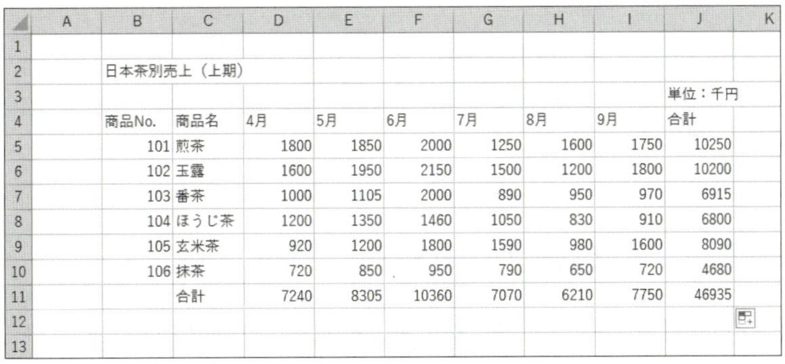

Let's Try Answer

①セル【D11】をクリック

②セル【D11】の右下の■（フィルハンドル）をセル【J11】までドラッグ

※ブックに「オートフィルの利用完成」という名前を付けて、フォルダー「第2章」に保存し、閉じておきましょう。

Exercise 練習問題

解答 ▶ P.119

完成図のような表を作成しましょう。

●完成図

	A	B	C	D	E	F	G
1		アルコール飲料販売数					
2						単位：本	
3			ビール	ワイン	日本酒	合計	
4		東京	59	12	72	143	
5		大阪	27	81	31	139	
6		福岡	30	78	46	154	
7		合計	116	171	149	436	
8							

①新規のブックを開きましょう。

②次のようにデータを入力しましょう。

	A	B	C	D	E	F	G
1		アルコール飲料売上					
2						単位：本	
3			ビール	ワイン	日本酒		
4		東京	59	12	72		
5		大阪	27	81	31		
6		福岡	30	78	46		
7		合計					
8							

③セル【B7】の「合計」をセル【F3】にコピーしましょう。

④セル【F4】に「東京」の数値を合計する数式を入力しましょう。

⑤セル【C7】に「ビール」の数値を合計する数式を入力しましょう。

⑥セル【F4】の数式を、オートフィルを使ってセル範囲【F5:F6】にコピーしましょう。

⑦セル【C7】の数式を、オートフィルを使ってセル範囲【D7:F7】にコピーしましょう。

⑧セル【B1】の「アルコール飲料売上」を「アルコール飲料販売数」に修正しましょう。

⑨ブックに「第2章練習問題完成」という名前を付けて、フォルダー「第2章」に保存しましょう。

※ブックを閉じておきましょう。

第3章 | Chapter 3

表の作成

Step1	作成するブックを確認する	53
Step2	関数を入力する	54
Step3	セルを参照する	58
Step4	表にレイアウトを設定する	62
Step5	データを装飾する	64
Step6	配置を調整する	70
Step7	列幅を変更する	72
Step8	行を挿入・削除する	74
Step9	表を印刷する	76
練習問題		79

Step1 作成するブックを確認する

1 作成するブックの確認

次のようなブックを作成しましょう。

Step2 関数を入力する

1 関数

「関数」とは、あらかじめ定義されている数式のことです。演算記号を使って数式を入力する代わりに、カッコ内に引数を指定して計算を行います。

= 関数名（引数1,引数2,・・・）
❶　❷　　　❸

❶先頭に「=」を入力します。
❷関数名を入力します。
※関数名は、英大文字で入力しても英小文字で入力してもかまいません。
❸引数をカッコで囲み、各引数は「,（カンマ）」で区切ります。
※関数によって、指定する引数は異なります。

2 SUM関数

合計を求めるには、「SUM関数」を使います。
（合計）を使うと、自動的にSUM関数が入力され、簡単に合計を求めることができます。

●SUM関数

数値を合計します。

=SUM（合計するセル範囲,合計するセル範囲,・・・）

例：
=SUM（A1：A10）　　　セル範囲【A1：A10】の合計を求める
=SUM（A1,A3：A10）　　セル【A1】とセル範囲【A3：A10】の合計を求める

「男性人口」「女性人口」「全人口」「面積（平方km）」の合計を求めましょう。

 フォルダー「第3章」のブック「表の作成」を開いておきましょう。

計算結果を表示するセルを選択します。
①セル【C10】をクリックします。

	A	B	C	D	E	F	G	H
1								
2		川端市人口統計						
3								
4		区名	男性人口	女性人口	全人口	面積（平方	人口密度	人口構成比
5		川端区	75216	76013	151229	40.25		
6		東区	59873	63027	122900	10.09		
7		西区	72546	75406	147952	14.81		
8		南区	66549	68096	134645	17.15		
9		北区	73546	75128	148674	18.62		
10		合計						
11		平均						
12								

②《ホーム》タブを選択します。

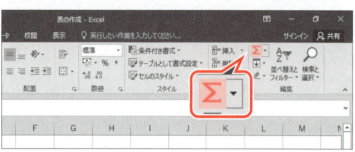

③《編集》グループの Σ (合計) をクリックします。

合計するセル範囲が点線で囲まれます。
④数式バーに「=SUM(C5:C9)」と表示されていることを確認します。

⑤ Enter を押します。
※ Σ (合計) を再度クリックして確定することもできます。
セル【C10】に合計が求められます。

数式をコピーします。
⑥セル【C10】をクリックします。
⑦セル【C10】の右下の■（フィルハンドル）をセル【F10】までドラッグします。
セル範囲【D10:F10】に数式がコピーされ、合計が求められます。
※セル範囲【D10:F10】のそれぞれのセルをアクティブセルにして、数式バーで数式の内容を確認しましょう。

3 AVERAGE関数

平均を求めるには、「AVERAGE関数」を使います。
∑▼(合計)の▼から《平均》を選択すると、自動的にAVERAGE関数が入力され、簡単に平均を求めることができます。

●AVERAGE関数

数値の平均を求めます。

=AVERAGE(平均するセル範囲,平均するセル範囲,・・・)

例：
=AVERAGE(A1:A10)　　　セル範囲【A1：A10】の平均を求める
=AVERAGE(A1,A3:A10)　セル【A1】とセル範囲【A3：A10】の平均を求める

11行目に「**男性人口**」「**女性人口**」「**全人口**」「**面積（平方km）**」の平均を求めましょう。

	A	B	C	D	E	F	G	H
1								
2		川端市人口統計						
3								
4		区名	男性人口	女性人口	全人口	面積（平方	人口密度	人口構成比
5		川端区	75216	76013	151229	40.25		
6		東区	59873	63027	122900	10.09		
7		西区	72546	75406	147952	14.81		
8		南区	66549	68096	134645	17.15		
9		北区	73546	75128	148674	18.62		
10		合計	347730	357670	705400	100.92		
11		平均						
12								

計算結果を表示するセルを選択します。
①セル【C11】をクリックします。

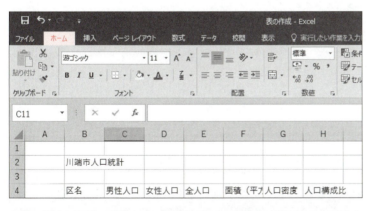

②《ホーム》タブを選択します。

③《編集》グループの ∑▼ (合計)の▼をクリックします。
④《平均》をクリックします。

平均するセル範囲が点線で囲まれます。

⑤数式バーに「=AVERAGE(C5：C10)」と表示されていることを確認します。

セル範囲【C5：C10】を自動的に認識しますが、平均するのはセル範囲【C5：C9】なので、手動で選択しなおします。

⑥セル範囲【C5：C9】を選択します。

⑦数式バーに「=AVERAGE(C5：C9)」と表示されていることを確認します。

⑧ Enter を押します。

セル【C11】に平均が求められます。

数式をコピーします。

⑨セル【C11】をクリックします。

⑩セル【C11】の右下の■（フィルハンドル）をセル【F11】までドラッグします。

セル範囲【D11：F11】に数式がコピーされ、平均が求められます。

※セル範囲【D11：F11】のそれぞれのセルをアクティブセルにして、数式バーで数式の内容を確認しましょう。

Step3 セルを参照する

1 セルの参照

数式は「=A1*B1」のように、セルを参照して入力するのが一般的です。
セルの参照には、「相対参照」と「絶対参照」があります。

●相対参照

「相対参照」は、セルの位置を相対的に参照する形式です。数式をコピーすると、セルの参照は自動的に調整されます。
図のセル【D2】に入力されている「=B2*C2」の「B2」や「C2」は相対参照です。数式をコピーすると、コピーの方向に応じて「=B3*C3」「=B4*C4」のように自動的に調整されます。

	A	B	C	D
1	商品名	定価	掛け率	販売価格
2	スーツ	¥56,000	80%	¥44,800	←=B2*C2
3	コート	¥75,000	60%	¥45,000	←=B3*C3
4	シャツ	¥15,000	70%	¥10,500	←=B4*C4

●絶対参照

「絶対参照」は、特定の位置にあるセルを必ず参照する形式です。数式をコピーしても、セルの参照は固定されたままで調整されません。セルを絶対参照にするには、「$」を付けます。
図のセル【C4】に入力されている「=B4*$B$1」の「$B$1」は絶対参照です。数式をコピーしても、「=B5*$B$1」「=B6*$B$1」のように「$B$1」は常に固定で調整されません。

	A	B	C
1	掛け率	75%	
2			
3	商品名	定価	販売価格
4	スーツ	¥56,000	¥42,000	←=B4*$B$1
5	コート	¥75,000	¥56,250	←=B5*$B$1
6	シャツ	¥15,000	¥11,250	←=B6*$B$1

2 相対参照

相対参照を使って、各区の「**人口密度**」を求める数式を入力し、コピーしましょう。
「**人口密度**」は「**全人口÷面積（平方km）**」で求めます。
「川端区」の「人口密度」を求めましょう。

	A	B	C	D	E	F	G	H
1								
2		川端市人口統計						
3								
4		区名	男性人口	女性人口	全人口	面積（平方	人口密度	人口構成比
5		川端区	75216	76013	151229	40.25	=E5/F5	
6		東区	59873	63027	122900	10.09		
7		西区	72546	75406	147952	14.81		
8		南区	66549	68096	134645	17.15		
9		北区	73546	75128	148674	18.62		
10		合計	347730	357670	705400	100.92		
11		平均	69546	71534	141080	20.184		
12								

計算結果を表示するセルを選択します。
①セル【G5】をクリックします。
②「=」を入力します。
③セル【E5】をクリックします。
④「/」を入力します。
⑤セル【F5】をクリックします。
⑥数式バーに「=E5/F5」と表示されていることを確認します。

	A	B	C	D	E	F	G	H
1								
2		川端市人口統計						
3								
4		区名	男性人口	女性人口	全人口	面積（平方	人口密度	人口構成比
5		川端区	75216	76013	151229	40.25	3757.242	
6		東区	59873	63027	122900	10.09		
7		西区	72546	75406	147952	14.81		
8		南区	66549	68096	134645	17.15		
9		北区	73546	75128	148674	18.62		
10		合計	347730	357670	705400	100.92		
11		平均	69546	71534	141080	20.184		
12								

⑦ Enter を押します。
セル【G5】に「川端区」の「人口密度」が求められます。

	A	B	C	D	E	F	G	H
1								
2		川端市人口統計						
3								
4		区名	男性人口	女性人口	全人口	面積（平方	人口密度	人口構成比
5		川端区	75216	76013	151229	40.25	3757.242	
6		東区	59873	63027	122900	10.09	12180.38	
7		西区	72546	75406	147952	14.81	9990.007	
8		南区	66549	68096	134645	17.15	7851.02	
9		北区	73546	75128	148674	18.62	7984.64	
10		合計	347730	357670	705400	100.92	6989.695	
11		平均	69546	71534	141080	20.184		
12								

数式をコピーします。
⑧セル【G5】をクリックします。
⑨セル【G5】の右下の■（フィルハンドル）をセル【G10】までドラッグします。

セル範囲【G6:G10】に数式がコピーされ、各区の「**人口密度**」が求められます。

※セル範囲【G6:G10】のそれぞれのセルをアクティブセルにして、数式バーで数式の内容を確認しましょう。

3 絶対参照

絶対参照を使って、全人口に対する各区の人口の「**人口構成比**」を求めましょう。
「**人口構成比**」は「**各区の人口÷全人口**」で求めます。

1 数式の入力

「川端区」の「人口構成比」を求めましょう。

	A	B	C	D	E	F	G	H
1								
2		川端市人口統計						
3								
4		区名	男性人口	女性人口	全人口	面積（平ス	人口密度	人口構成比
5		川端区	75216	76013	151229	40.25	3757.242	=E5/E10
6		東区	59873	63027	122900	10.09	12180.38	
7		西区	72546	75406	147952	14.81	9990.007	
8		南区	66549	68096	134645	17.15	7851.02	
9		北区	73546	75128	148674	18.62	7984.64	
10		合計	347730	357670	705400	100.92	6989.695	
11		平均	69546	71534	141080	20.184		

計算結果を表示するセルを選択します。
①セル【H5】をクリックします。
②「=」を入力します。
③セル【E5】をクリックします。
④「/」を入力します。
⑤セル【E10】をクリックします。
⑥数式バーに「=E5/E10」と表示されていることを確認します。

数式を確定します。
⑦ Enter を押します。
セル【H5】に「川端区」の「人口構成比」が求められます。

	A	B	C	D	E	F	G	H
1								
2		川端市人口統計						
3								
4		区名	男性人口	女性人口	全人口	面積（平ス	人口密度	人口構成比
5		川端区	75216	76013	151229	40.25	3757.242	0.214388
6		東区	59873	63027	122900	10.09	12180.38	
7		西区	72546	75406	147952	14.81	9990.007	
8		南区	66549	68096	134645	17.15	7851.02	
9		北区	73546	75128	148674	18.62	7984.64	
10		合計	347730	357670	705400	100.92	6989.695	
11		平均	69546	71534	141080	20.184		

2 数式のエラー

セル【H5】の数式をコピーすると、図のように「**#DIV/0!**」エラーが表示されます。
「**東区の人口÷全人口（=E6/E10）**」「**西区の人口÷全人口（=E7/E10）**」
「**南区の人口÷全人口（=E8/E10）**」となるように、セル【E10】は常に固定して参照しなければならないのに、「**=E6/E11**」「**=E7/E12**」「**=E8/E13**」と自動的に調整されコピーされてしまうのが原因です。

	A	B	C	D	E	F	G	H
1								
2		川端市人口統計						
3								
4		区名	男性人口	女性人口	全人口	面積（平ス	人口密度	人口構成比
5		川端区	75216	76013	151229	40.25	3757.242	0.214388
6		東区	59873	63027	122900	10.09	12180.38	0.871137
7		西区	72546	75406	147952	14.81	9990.007	#DIV/0!
8		南区	66549	68096	134645	17.15	7851.02	#DIV/0!
9		北区	73546	75128	148674	18.62	7984.64	#DIV/0!
10		合計	347730	357670	705400	100.92	6989.695	#DIV/0!
11		平均	69546	71534	141080	20.184		

=E5/E10…コピー元
=E6/E11 ┐
=E7/E12 ├コピー先
=E8/E13 ┘

3 数式の修正

セル【H5】の数式をコピーしてもエラーが表示されないようにするには、絶対参照を使ってセル【E10】を固定する必要があります。
セル【H5】の数式を修正しましょう。

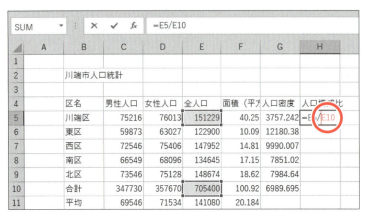

数式を入力したセルを編集状態にします。

①セル【H5】をダブルクリックします。
「$」を入力します。
②数式内の「E10」内をクリックします。
※数式内の「E10」内であれば、どこでもかまいません。

③ F4 を押します。
④数式バーに「=E5/$E$10」と表示されていることを確認します。
⑤ Enter を押します。

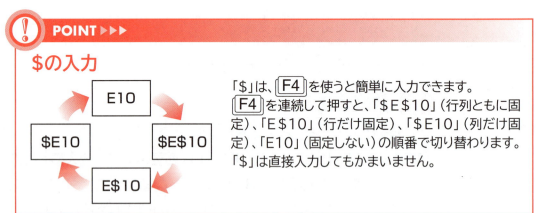

POINT ▶▶▶

$の入力

「$」は、 F4 を使うと簡単に入力できます。
F4 を連続して押すと、「$E$10」（行列ともに固定）、「E$10」（行だけ固定）、「$E10」（列だけ固定）、「E10」（固定しない）の順番で切り替わります。
「$」は直接入力してもかまいません。

数式をコピーします。

⑥セル【H5】をクリックします。
⑦セル【H5】の右下の■（フィルハンドル）をセル【H10】までドラッグします。
セル範囲【H6:H10】に数式がコピーされ、「人口構成比」が求められます。
※セル範囲【H6:H10】のそれぞれのセルをアクティブセルにして、数式バーで数式の内容を確認しましょう。

Step4 表にレイアウトを設定する

1 罫線を引く

罫線を引いて、見栄えのする表にしましょう。
《ホーム》タブの （下罫線）には、よく使う罫線のパターンがあらかじめ用意されています。
表全体に格子の罫線を引きましょう。

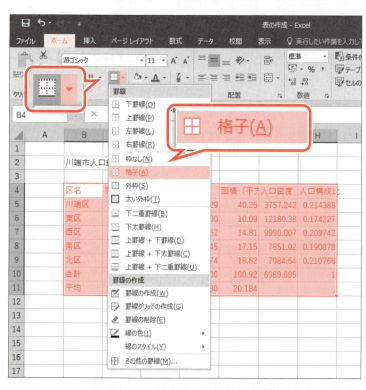

格子の罫線を引くセル範囲を選択します。
①セル範囲【B4:H11】を選択します。
②《ホーム》タブを選択します。
③《フォント》グループの （下罫線）の をクリックします。
④《格子》をクリックします。

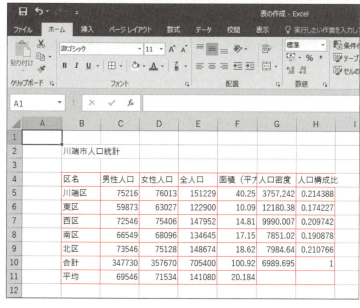

格子の罫線が引かれます。
※ボタンが直前に選択した （格子）に変わります。
※セル範囲の選択を解除して、罫線を確認しておきましょう。

> **POINT ▶▶▶**
>
> **罫線の解除**
> 罫線を解除するには、セル範囲を選択し、 （格子）の をクリックして一覧から《枠なし》を選択します。

62

2 塗りつぶしの設定

セルを色で塗りつぶし、見栄えのする表にしましょう。
4行目の項目名を「**青、アクセント1**」で塗りつぶしましょう。

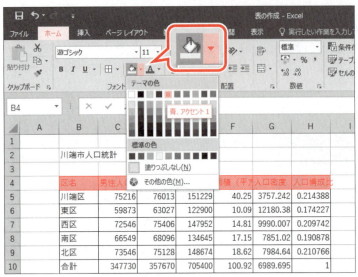

塗りつぶしを設定するセル範囲を選択します。

①セル範囲【**B4:H4**】を選択します。
②《**ホーム**》タブを選択します。
③《**フォント**》グループの （塗りつぶしの色）の をクリックします。
④《**テーマの色**》の《**青、アクセント1**》をポイントします。

設定後のセルの色を確認できます。

⑤クリックします。

セルが選択した色で塗りつぶされます。
※セル範囲の選択を解除して、塗りつぶしを確認しておきましょう。

リアルタイムプレビュー

STEP UP 一覧の選択肢をポイントして、設定後の結果を確認できる機能です。書式を繰り返し設定しなおす手間を省くことができます。

POINT ▶▶▶

塗りつぶしの解除

セルの塗りつぶしを解除するには、セル範囲を選択し、 （塗りつぶしの色）の をクリックし、一覧から《塗りつぶしなし》を選択します。

Let's Try ためしてみよう

①セル範囲【**B5:B9**】を「**青、アクセント1、白+基本色80%**」で塗りつぶしましょう。
②セル範囲【**B10:H11**】を「**青、アクセント1、白+基本色40%**」で塗りつぶしましょう。

Let's Try Answer

①
①セル範囲【**B5:B9**】を選択
②《**ホーム**》タブを選択
③《**フォント**》グループの （塗りつぶしの色）の をクリック
④《**テーマの色**》の《**青、アクセント1、白+基本色80%**》（左から5番目、上から2番目）をクリック

②
①セル範囲【**B10:H11**】を選択
②《**ホーム**》タブを選択
③《**フォント**》グループの （塗りつぶしの色）の をクリック
④《**テーマの色**》の《**青、アクセント1、白+基本色40%**》（左から5番目、上から4番目）をクリック

Step 5 データを装飾する

1 フォントサイズとフォントの設定

文字の書体のことを「**フォント**」といいます。
セル【B2】のタイトルのフォントサイズを「18」、フォントを「MSP明朝」に変更しましょう。

※初期の設定では、入力したデータのフォントは「游ゴシック」です。

フォントサイズとフォントを変更するセルを選択します。
①セル【B2】をクリックします。

②《**ホーム**》タブを選択します。
③《**フォント**》グループの 11 （フォントサイズ）の をクリックします。
④一覧から《**18**》をポイントします。
設定後のフォントサイズを確認できます。
⑤クリックします。

フォントサイズが変更され、行の高さが自動調整されます。
⑥《**フォント**》グループの

 （フォント）の
 をクリックします。

⑦一覧から《**MSP明朝**》をクリックします。

※一覧に表示されていない場合は、スクロールして調整します。

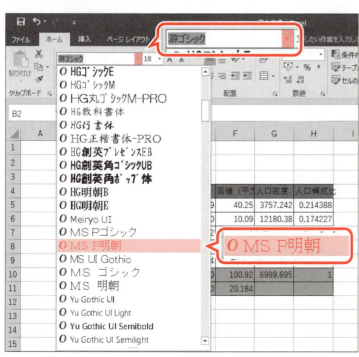

フォントが変更されます。

2 フォントの色の設定

セル【B2】のタイトルのフォントの色を「ブルーグレー、テキスト2」に変更しましょう。

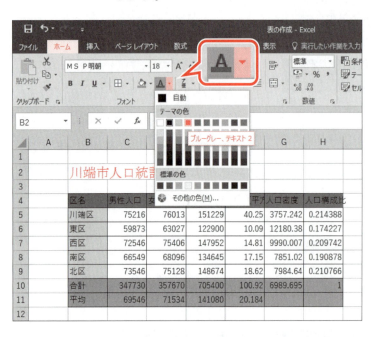

フォントに色を付けるセルを選択します。
①セル【B2】をクリックします。
②《ホーム》タブを選択します。
③《フォント》グループの (フォントの色)の をクリックします。
④《テーマの色》の《ブルーグレー、テキスト2》をポイントします。
設定後のフォントの色を確認できます。
⑤クリックします。

フォントの色が濃い青色に変更されます。

3 太字の設定

セル【B2】のタイトルを太字にしましょう。

太字を設定するセルを選択します。
①セル【B2】をクリックします。
②《ホーム》タブを選択します。
③《フォント》グループの **B** （太字）をクリックします。

太字になります。
※ボタンが濃い灰色になります。

> **POINT**
>
> **太字の解除**
> 設定した太字を解除するには、セル範囲を選択し、**B**（太字）を再度クリックします。ボタンが標準の色に戻ります。

斜体

I（斜体）を使うと、データが斜体で表示されます。

下線

U（下線）を使うと、データに下線が付いて表示されます。

U▼（下線）の▼をクリックすると、二重下線を付けることもできます。

川端市人口統計

ためしてみよう

セル範囲【B4:H4】に次の書式を設定しましょう。

> フォントの色：白、背景1
> 太字

	A	B	C	D	E	F	G	H	I
1									
2		川端市人口統計							
3									
4		区名	男性人口	女性人口	全人口	面積（平方	人口密度	人口構成比	
5		川端区	75216	76013	151229	40.25	3757.242	0.214388	
6		東区	59873	63027	122900	10.09	12180.38	0.174227	
7		西区	72546	75406	147952	14.81	9990.007	0.209742	
8		南区	66549	68096	134645	17.15	7851.02	0.190878	
9		北区	73546	75128	148674	18.62	7984.64	0.210766	
10		合計	347730	357670	705400	100.92	6989.695	1	
11		平均	69546	71534	141080	20.184			
12									
13									

Let's Try Answer

①セル範囲【B4:H4】を選択
②《ホーム》タブを選択
③《フォント》グループの A▼ （フォントの色）の ▼ をクリック
④《テーマの色》の《白、背景1》（左から1番目、上から1番目）をクリック
⑤《フォント》グループの B （太字）をクリック

❗ POINT ▶▶▶

セルのスタイルの設定

Excelには、フォントやフォントサイズ、フォントの色、太字などの組み合わせが「スタイル」として用意されています。一覧から選択するだけで、セルにスタイルを設定できます。
セルのスタイルを設定する方法は、次のとおりです。

◆セル範囲を選択→《ホーム》タブ→《スタイル》グループの ▼セルのスタイル▼ （セルのスタイル）→一覧からスタイルを選択

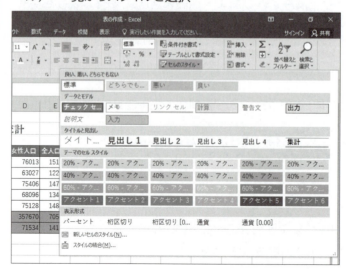

4 表示形式の設定

入力した数値に3桁区切りカンマを付けたり、パーセント表示にしたりできます。

1 3桁区切りカンマの表示

数値に3桁区切りカンマを付けると、数値が読みやすくなります。
「男性人口」「女性人口」「全人口」「人口密度」の数値に3桁区切りカンマを付けましょう。

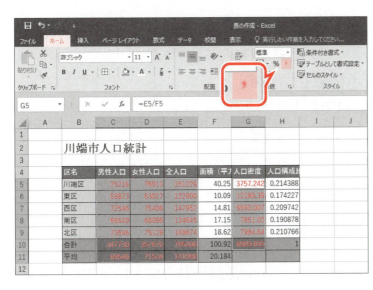

3桁区切りカンマを付けるセル範囲を選択します。
①セル範囲【C5:E11】を選択します。
②Ctrlを押しながら、セル範囲【G5:G10】を選択します。
③《ホーム》タブを選択します。
④《数値》グループの , (桁区切りスタイル)をクリックします。

3桁区切りカンマが付きます。
※「人口密度」の小数点以下は四捨五入され、整数で表示されます。
※セル範囲の選択を解除しておきましょう。

2 パーセントの表示

「人口構成比」をパーセントで表示しましょう。

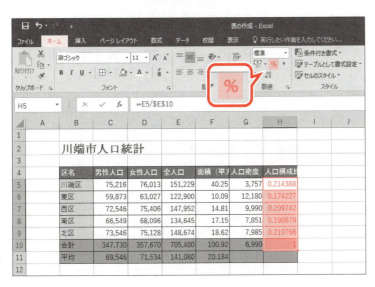

パーセントを表示するセル範囲を選択します。
①セル範囲【H5:H10】を選択します。
②《ホーム》タブを選択します。
③《数値》グループの % (パーセントスタイル)をクリックします。

パーセントで表示されます。
※小数点以下は四捨五入され、整数で表示されます。
※セル範囲の選択を解除しておきましょう。

3 小数点の表示

(小数点以下の表示桁数を増やす)や(小数点以下の表示桁数を減らす)を使うと、小数点以下の桁数の表示を変更できます。

● (小数点以下の表示桁数を増やす)
クリックするたびに、小数点以下が1桁ずつ表示されます。

● (小数点以下の表示桁数を減らす)
クリックするたびに、小数点以下が1桁ずつ非表示になります。

「面積(平方km)」の数値を小数点第1位まで表示しましょう。

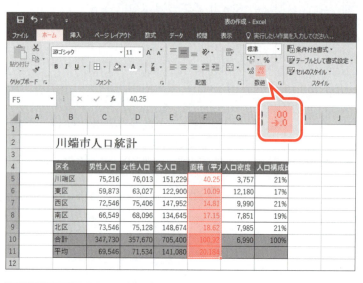

小数点を表示するセル範囲を選択します。
① セル範囲【F5:F11】を選択します。
②《ホーム》タブを選択します。
③《数値》グループの (小数点以下の表示桁数を減らす)をクリックします。

小数点第1位まで表示されます。
※小数点第2位が自動的に四捨五入されます。
※セル範囲の選択を解除しておきましょう。

POINT ▶▶▶

表示形式の解除

3桁区切りカンマ、パーセント、小数点などの表示形式を解除する方法は、次のとおりです。

◆セル範囲を選択→《ホーム》タブ→《数値》グループの ユーザー定義 (数値の書式)の をクリック→一覧から《標準》を選択

Step 6 配置を調整する

1 中央揃え

データを入力すると、文字列はセル内で左揃え、数値はセル内で右揃えの状態で表示されます。

≡（左揃え）や≡（中央揃え）、≡（右揃え）を使うと、データの配置を変更できます。

4行目の項目名を中央揃えにしましょう。

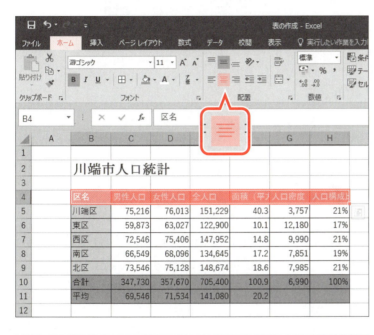

中央揃えにするセル範囲を選択します。
① セル範囲【B4:H4】を選択します。
②《ホーム》タブを選択します。
③《配置》グループの ≡（中央揃え）をクリックします。

項目名が中央揃えになります。
※ボタンが濃い灰色になります。
※セル範囲の選択を解除しておきましょう。

! POINT ▶▶▶

垂直方向の配置

データの垂直方向の配置を設定するには、≡（上揃え）や≡（上下中央揃え）、≡（下揃え）を使います。行の高さを大きくした場合やセルを結合して縦方向に拡張したときに使います。

2 セルを結合して中央揃え

（セルを結合して中央揃え）を使うと、セルを結合して、文字列をその結合されたセルの中央に配置できます。

セル範囲【B2:H2】を結合し、結合されたセルの中央にタイトルを配置しましょう。

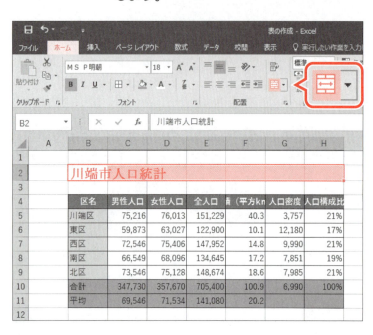

結合するセル範囲を選択します。
① セル範囲【B2:H2】を選択します。
②《ホーム》タブを選択します。
③《配置》グループの （セルを結合して中央揃え）をクリックします。

セルが結合され、セルの中央にタイトルが配置されます。
※ボタンが濃い灰色になります。

> **POINT ▶▶▶**
>
> **配置の解除**
> 配置を解除するには、セル範囲を選択し、（中央揃え）や（セルを結合して中央揃え）を再度クリックします。ボタンが標準の色に戻ります。

Step7 列幅を変更する

1 列幅の変更

列番号の右側の境界線をドラッグして、列幅を変更できます。
A列の列幅を狭くしましょう。

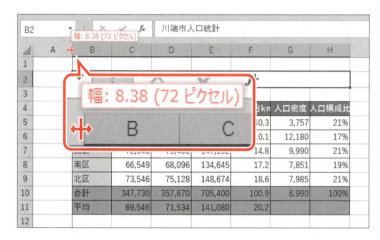

①列番号【A】の右側の境界線をポイントします。
マウスポインターの形が ✥ に変わります。

②マウスの左ボタンを押したままにします。
ポップヒントに現在の列幅が表示されます。

③図のようにドラッグします。

列幅が狭くなります。

> **POINT**
>
> **行の高さの変更**
>
> 行の高さは、行内の文字の大きさなどによって自動的に変わります。
> 行の高さを変更する方法は、次のとおりです。
> ◆行番号の下の境界線をドラッグ

2 列幅の自動調整

列内の最長のデータに合わせて、列幅を自動的に調整できます。
F列とH列の列幅を自動調整し、最適な列幅に変更しましょう。

①列番号【F】の右側の境界線をポイントします。
マウスポインターの形が ✥ に変わります。
②ダブルクリックします。

最長のデータに合わせて、列幅が自動的に調整されます。

同様に、H列の列幅を自動調整します。
③列番号【H】の右側の境界線をポイントします。
マウスポインターの形が ✥ に変わります。
④ダブルクリックします。

H列の列幅が自動的に調整されます。

Step8 行を挿入・削除する

1 行の挿入

9行目と10行目の間に1行挿入しましょう。

①行番号【10】を右クリックします。
10行目が選択され、ショートカットメニューが表示されます。
②《挿入》をクリックします。

行が挿入されます。
※ (挿入オプション)が表示されます。

③次のデータを入力します。

> セル【B10】：中区
> セル【C10】：72005
> セル【D10】：76250
> セル【F10】：20.39

※「全人口」「人口密度」「人口構成比」は自動的に計算結果が表示されます。
※「面積（平方km）」は自動的に四捨五入されて小数点第1位で表示されます。
※「合計」「平均」の数式は自動的に再計算されます。

74

挿入オプション

表内に行を挿入すると、上の行と同じ書式が自動的に適用されます。
行を挿入した直後に表示される（挿入オプション）を使うと、書式をクリアしたり、下の行の書式を適用したりできます。

> **POINT ▶▶▶**
>
> **列の挿入**
> 行と同じように、列も挿入できます。
> ◆列番号を右クリック→《挿入》

2 行の削除

5行目の「川端区」のデータを削除しましょう。

①行番号【5】を右クリックします。
5行目が選択され、ショートカットメニューが表示されます。
②《削除》をクリックします。

行が削除されます。
※「合計」「平均」の数式は自動的に再計算されます。
※行の選択を解除しておきましょう。

>
>
> **POINT ▶▶▶**
>
> **列の削除**
> 行と同じように、列も削除できます。
> ◆列番号を右クリック→《削除》

Step 9 表を印刷する

1 印刷する手順

作成した表を印刷する手順は、次のとおりです。

1 印刷イメージの確認

画面で印刷イメージを確認します。

OKなら → / NGなら → **ページ設定の変更**

ページのレイアウトを調整します。

2 印刷

印刷を実行し、用紙に表を印刷します。

2 印刷イメージの確認

画面で印刷イメージを確認できます。
印刷の向きや余白のバランスは適当か、レイアウトが整っているかなどを印刷する前に確認しましょう。

①《ファイル》タブを選択します。

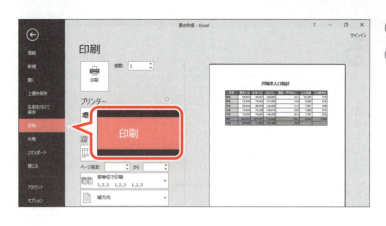

②《印刷》をクリックします。
③印刷イメージを確認します。

3 ページ設定の変更

印刷イメージでレイアウトが整っていない場合、ページのレイアウトを調整します。次のようにページ設定を変更しましょう。

> 印刷の向き：横
> 拡大/縮小　：140％
> 用紙サイズ：A4
> 印刷の位置：水平

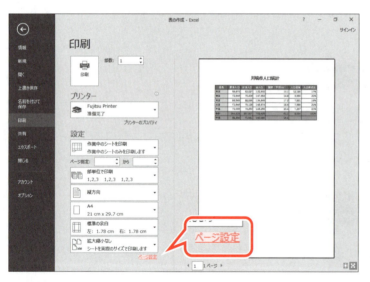

①《ページ設定》をクリックします。
※表示されていない場合は、スクロールして調整します。

《ページ設定》ダイアログボックスが表示されます。
②《ページ》タブを選択します。
③《印刷の向き》の《横》を◉にします。
④《拡大縮小印刷》の《拡大/縮小》を「140」％に設定します。
⑤《用紙サイズ》の ⌄ をクリックし、一覧から《A4》を選択します。

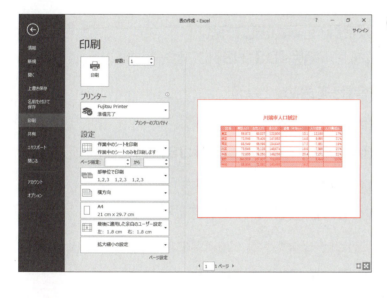

⑥《余白》タブを選択します。
⑦《ページ中央》の《水平》を ✓ にします。
⑧《OK》をクリックします。

⑨印刷イメージが変更されていることを確認します。

4 印刷

表を1部印刷しましょう。

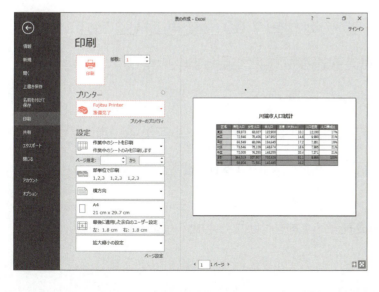

①《印刷》の《部数》が「1」になっていることを確認します。
②《プリンター》に出力するプリンターの名前が表示されていることを確認します。
※表示されていない場合は、▼をクリックし、一覧から選択します。
③《印刷》をクリックします。
※ブックに「表の作成完成」と名前を付けて、フォルダー「第3章」に保存し、閉じておきましょう。

解答 ▶ P.120

完成図のような表を作成しましょう。

 フォルダー「第3章」のブック「第3章練習問題」を開いておきましょう。

● 完成図

	B	C	D	E	F	G	H	I	J	K
1	売上実績表（下期）									
2										単位：千円
3		10月	11月	12月	1月	2月	3月	合計	平均	売上構成比
4	牛肉	435	442	456	512	488	427	2,760	460	28.3%
5	鶏肉	486	480	560	447	445	475	2,893	482	29.7%
6	豚肉	421	422	449	387	402	411	2,492	415	25.6%
7	その他	235	251	325	280	253	248	1,592	265	16.4%
8	合計	1,577	1,595	1,790	1,626	1,588	1,561	9,737	1,623	100.0%
9										

①セル【C8】に「10月」の「合計」を求めましょう。
次に、セル【C8】の数式をセル範囲【D8:H8】にコピーしましょう。

②セル【I4】に「牛肉」の「合計」を求めましょう。

③セル【J4】に「牛肉」の「平均」を求めましょう。
次に、セル【I4】とセル【J4】の数式をセル範囲【I5:J8】にコピーしましょう。

④セル【K4】に「牛肉」の「売上構成比」を求めましょう。
次に、セル【K4】の数式をセル範囲【K5:K8】にコピーしましょう。

Hint 「売上構成比」は「各商品の合計÷全体の合計」で求めます。

⑤セル範囲【B3:K8】に格子の罫線を引きましょう。

⑥セル範囲【C4:J8】の数値に3桁区切りカンマを付けましょう。

⑦セル範囲【K4:K8】の数値を小数点第1位までのパーセント表示に変更しましょう。

⑧A列の列幅を「1.00」、B列の列幅を「7.00」に変更しましょう。

⑨K列の列幅を自動調整し、最適な列幅に変更しましょう。

⑩3行目の項目名を中央揃えにしましょう。

⑪セル範囲【B1:K1】を結合し、セルの中央にタイトルを配置しましょう。

⑫セル【B1】のタイトルのフォントサイズを「18」に設定しましょう。

※ブックに「第3章練習問題完成」という名前を付けて、フォルダー「第3章」に保存し、閉じておきましょう。

第4章 | **Chapter 4**

グラフの作成

Step1	作成するグラフを確認する	81
Step2	グラフ機能の概要	82
Step3	円グラフを作成する	83
Step4	縦棒グラフを作成する	93
練習問題		99

Step 1 作成するグラフを確認する

1 作成するグラフの確認

次のようなグラフを作成しましょう。

円グラフの作成

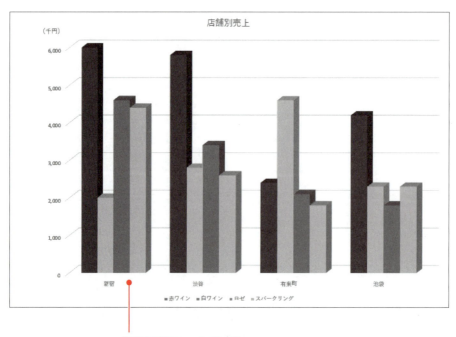

縦棒グラフの作成

Step2 グラフ機能の概要

1 グラフ機能

表のデータをもとに、簡単にグラフを作成できます。グラフはデータを視覚的に表現できるため、データを比較したり傾向を分析したりするのに適しています。

2 グラフの作成手順

グラフを作成する手順は、次のとおりです。

1 もとになるセル範囲を選択する

グラフのもとになるデータが入力されているセル範囲を選択します。

2 グラフの種類を選択する

グラフの種類・パターンを選択して、グラフを作成します。

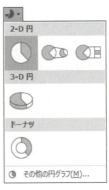

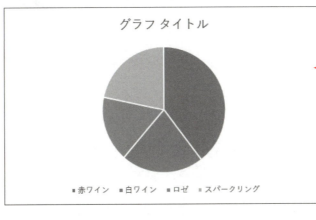

> グラフが簡単に作成できる

Step3 円グラフを作成する

1 円グラフの作成

「円グラフ」は、全体に対して各項目がどれくらいの割合を占めるかを表現するときに使います。
円グラフを作成しましょう。

1 セル範囲の選択

グラフを作成する場合、まず、グラフのもとになるセル範囲を選択します。
円グラフの場合、次のようにセル範囲を選択します。

●「池袋」の売上を表す円グラフを作成する場合

	新宿	渋谷	有楽町	池袋	合計
赤ワイン	6,000	5,800	2,400	4,200	18,400
白ワイン	2,000	2,800	4,600	2,300	11,700
ロゼ	4,600	3,400	2,100	1,800	11,900
スパークリング	4,400	2,600	1,800	2,300	11,100
合計	17,000	14,600	10,900	10,600	53,100

扇型の割合を説明する項目

扇型の割合のもとになる数値

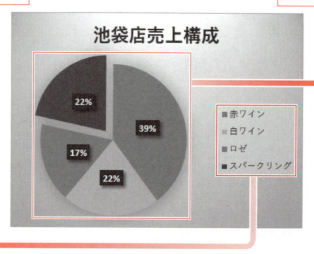

2 円グラフの作成

「池袋」の数値をもとに、「**池袋店の売上構成比**」を表す円グラフを作成しましょう。

File OPEN フォルダー「第4章」のブック「グラフの作成」を開いておきましょう。

	A	B	C	D	E	F	G
1		店舗別売上					
2							単位：千円
3			新宿	渋谷	有楽町	池袋	合計
4		赤ワイン	6,000	5,800	2,400	4,200	18,400
5		白ワイン	2,000	2,800	4,600	2,300	11,700
6		ロゼ	4,600	3,400	2,100	1,800	11,900
7		スパークリング	4,400	2,600	1,800	2,300	11,100
8		合計	17,000	14,600	10,900	10,600	53,100
9							

円グラフのもとになるセル範囲を選択します。
①セル範囲**【B4：B7】**を選択します。
②**Ctrl**を押しながら、セル範囲**【F4：F7】**を選択します。

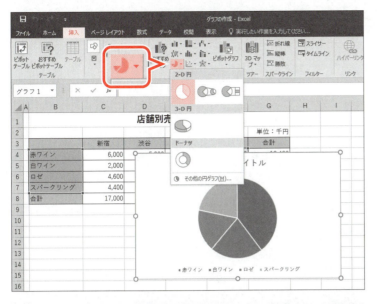

③《挿入》タブを選択します。
④《グラフ》グループの (円またはドーナツグラフの挿入)をクリックします。
⑤《2-D円》の《円》をクリックします。

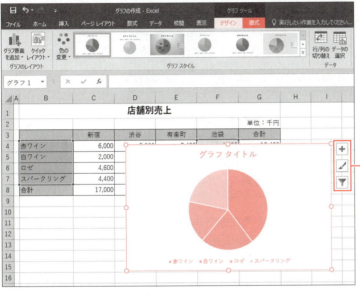

円グラフが作成されます。
グラフの右側に「ショートカットツール」が表示され、リボンに《グラフツール》の《デザイン》タブと《書式》タブが表示されます。

───ショートカットツール

グラフが選択されている状態になっているので、選択を解除します。
⑥任意のセルをクリックします。
グラフの選択が解除されます。

> **POINT ▶▶▶**
>
> **《グラフツール》の《デザイン》タブ・《書式》タブ**
> グラフを選択すると、リボンに《グラフツール》の《デザイン》タブと《書式》タブが表示され、グラフに関するコマンドが使用できる状態になります。

POINT ▶▶▶

円グラフの構成要素

円グラフを構成する要素を確認しましょう。

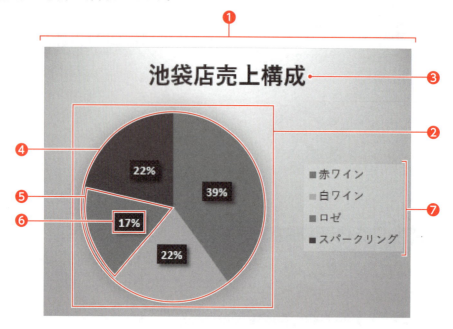

❶グラフエリア
グラフ全体の領域です。すべての要素が含まれます。

❷プロットエリア
円グラフの領域です。

❸グラフタイトル
グラフのタイトルです。

❹データ系列
もとになる数値を視覚的に表す、すべての扇型です。

❺データ要素
もとになる数値を視覚的に表す個々の扇型です。

❻データラベル
データ要素を説明する文字列です。

❼凡例
データ要素に割り当てられた色を識別するための情報です。

ショートカットツール

グラフを選択すると、グラフの右側に「ショートカットツール」という3つのボタンが表示されます。

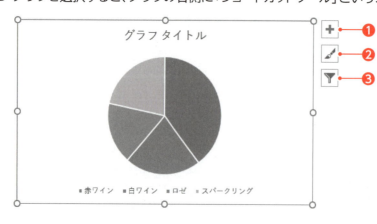

❶グラフ要素
グラフタイトルや凡例などのグラフ要素の表示・非表示を切り替えたり、表示位置を変更したりします。

❷グラフスタイル
グラフのスタイルや色を変更します。

❸グラフフィルター
グラフに表示するデータを絞り込みます。

2 グラフタイトルの入力

グラフタイトルに「**池袋店売上構成**」と入力しましょう。

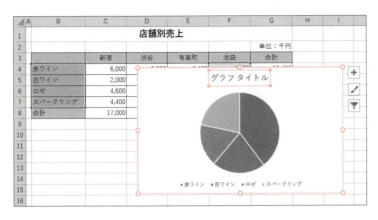

①グラフをクリックします。
グラフが選択されます。
※グラフは、選択されると薄い灰色の枠で囲まれます。

②グラフタイトルをクリックします。
※ポップヒントに《グラフタイトル》と表示されることを確認してクリックしましょう。
グラフタイトルが選択されます。

③グラフタイトルを再度クリックします。
グラフタイトルが編集状態になり、カーソルが表示されます。

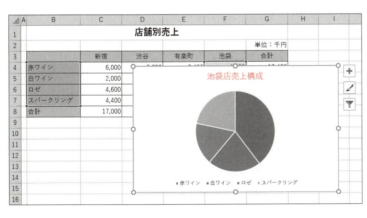

④「**グラフタイトル**」を削除し、「**池袋店売上構成**」と入力します。
※ Enter を押すと改行します。改行してしまった場合は、Back Space を押して改行を削除しましょう。

⑤グラフタイトル以外の場所をクリックします。
グラフタイトルが確定されます。

❗ POINT ▶▶▶

グラフの要素の選択

グラフを編集する場合、まず対象となる要素を選択し、次にその要素に対して処理を行います。要素をポイントすると、ポップヒントに要素名が表示されます。複数の要素が重なっている箇所や要素の面積が小さい箇所は、選択するときにポップヒントで確認するようにしましょう。要素の選択ミスを防ぐことができます。

3 グラフの移動

表と重ならないように、グラフを移動しましょう。

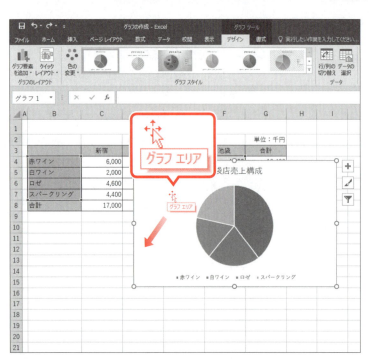

①グラフを選択します。
②グラフエリアをポイントします。マウスポインターの形が に変わります。
③ポップヒントに《グラフエリア》と表示されていることを確認します。
④図のようにドラッグします。
　（目安：セル【C10】）

※ポップヒントに《プロットエリア》や《系列1》など《グラフエリア》以外が表示されている状態では正しく移動できません。ポップヒントに《グラフエリア》と表示されている状態からドラッグしましょう。
※ドラッグ中、マウスポインターの形が に変わります。

グラフが移動します。

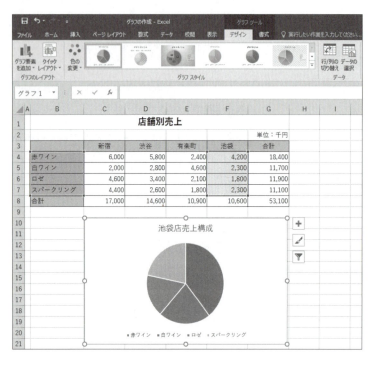

4 グラフのサイズ変更

グラフのサイズを縮小しましょう。

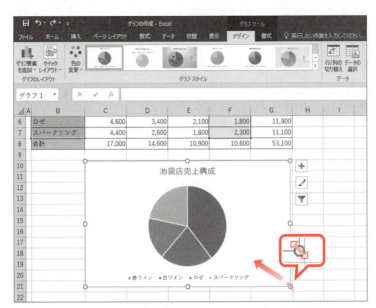

①グラフが選択されていることを確認します。
②グラフエリアの枠の右下をポイントします。
マウスポインターの形が に変わります。
③図のようにドラッグします。
（目安：セル【F20】）
※ドラッグ中、マウスポインターの形が＋に変わります。

グラフのサイズが縮小されます。

> **POINT**
>
> **グラフの配置**
> 〔Alt〕を押しながら、グラフの移動やサイズ変更を行うと、セルの枠線に合わせて配置されます。

5 グラフのスタイルの設定

Excelのグラフには、グラフ要素の配置や背景の色、効果などの組み合わせが「**スタイル**」として用意されています。一覧から選択するだけで、グラフ全体のデザインを変更できます。
グラフのスタイルを「**スタイル3**」に変更し、データラベルを表示しましょう。

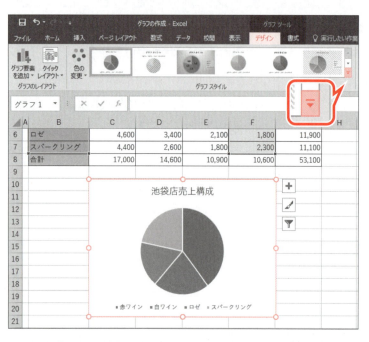

①グラフが選択されていることを確認します。
②《**デザイン**》タブを選択します。
③《**グラフスタイル**》グループの ▼ (その他) をクリックします。

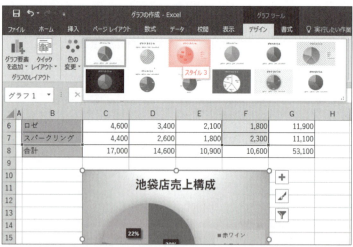

グラフのスタイルが一覧で表示されます。
④《**スタイル3**》をポイントします。
設定後のスタイルを確認できます。
⑤クリックします。

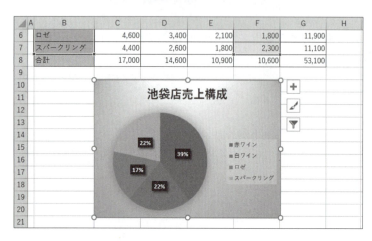

グラフのスタイルが変更され、データラベルが表示されます。

6 グラフの色の設定

Excelのグラフには、データ要素ごとの配色がいくつか用意されています。この配色を使うと、グラフの色を瞬時に変更できます。
グラフの色を「**色3**」に変更しましょう。

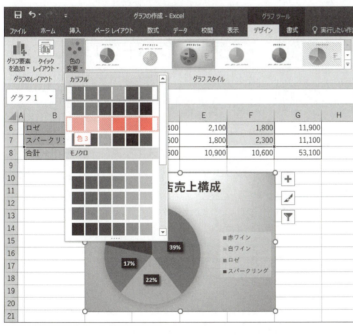

①グラフが選択されていることを確認します。

②《**デザイン**》タブを選択します。

③《**グラフスタイル**》グループの (グラフクイックカラー) をクリックします。

④《**カラフル**》の《**色3**》をポイントします。

設定後の色を確認できます。

⑤クリックします。

グラフの色が変更されます。

7 切り離し円の作成

円グラフのデータ要素を切り離して、円グラフの特定のデータ要素を強調できます。

データ要素「**スパークリング**」を切り離しましょう。

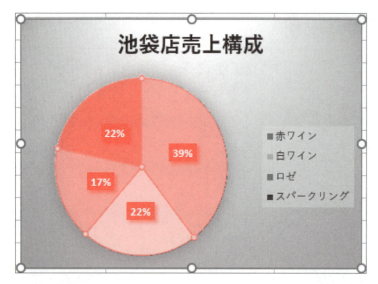

①グラフが選択されていることを確認します。

②円の部分をクリックします。

データ系列が選択されます。

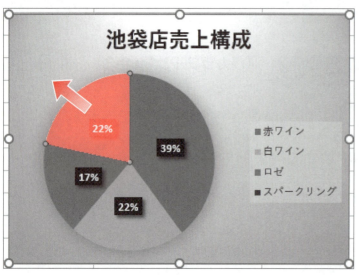

③図の扇型の部分をクリックします。
※ポップヒントに《系列1 要素 "スパークリング"・・・》と表示されることを確認してクリックしましょう。

データ要素「**スパークリング**」が選択されます。

④図のように円の外側にドラッグします。
※ドラッグ中、マウスポインターの形が ✣ に変わります。

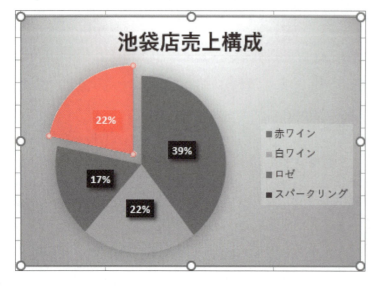

データ要素「**スパークリング**」が切り離されます。

POINT ▶▶▶

データ要素の選択
円グラフの円の部分をクリックすると、データ系列が選択されます。続けて、円の中の扇型をクリックすると、データ系列の中のデータ要素がひとつだけ選択されます。

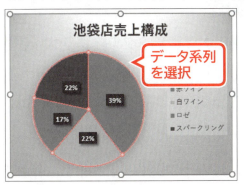
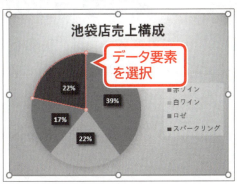

POINT ▶▶▶

グラフの更新
グラフは、もとになるセル範囲と連動しています。もとになるデータを変更すると、グラフも自動的に更新されます。

グラフの印刷
グラフを選択した状態で印刷を実行すると、グラフだけが用紙いっぱいに印刷されます。セルを選択した状態で印刷を実行すると、シート上の表とグラフが印刷されます。

グラフの削除
シート上に作成したグラフを削除するには、グラフを選択して Delete を押します。

おすすめグラフの利用

STEP UP 「おすすめグラフ」を使うと、選択しているデータに適した数種類のグラフが表示されます。選択したデータでどのようなグラフを作成できるかあらかじめ確認することができ、一覧から適切なグラフを選択するだけで簡単にグラフを作成できます。
おすすめグラフを使って、グラフを作成する方法は、次のとおりです。

◆セル範囲を選択→《挿入》タブ→《グラフ》グループの （おすすめグラフ）

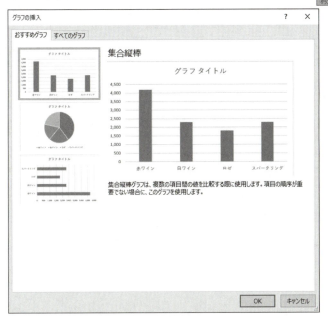

Step4 縦棒グラフを作成する

1 縦棒グラフの作成

「縦棒グラフ」は、ある期間におけるデータの推移を大小関係で表現するときに使います。
縦棒グラフを作成しましょう。

1 セル範囲の選択

グラフを作成する場合、まず、グラフのもとになるセル範囲を選択します。
縦棒グラフの場合、次のようにセル範囲を選択します。

●縦棒の種類がひとつの場合

●縦棒の種類が複数の場合

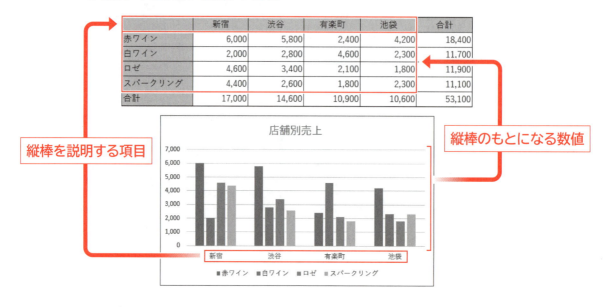

2 縦棒グラフの作成

表のデータをもとに、店舗別の売上を表す縦棒グラフを作成しましょう。

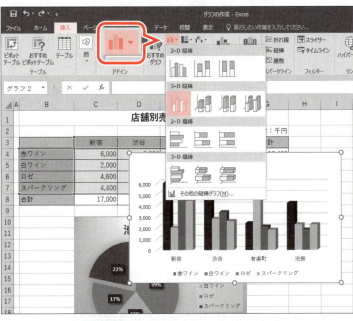

縦棒グラフのもとになるセル範囲を選択します。

①セル範囲【B3:F7】を選択します。

②《挿入》タブを選択します。
③《グラフ》グループの ![] (縦棒/横棒グラフの挿入)をクリックします。
④《3-D縦棒》の《3-D集合縦棒》をクリックします。

縦棒グラフが作成されます。

POINT ▶▶▶

縦棒グラフの構成要素
縦棒グラフを構成する要素を確認しましょう。

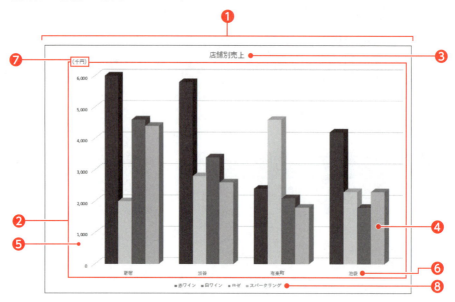

❶グラフエリア
グラフ全体の領域です。すべての要素が含まれます。

❷プロットエリア
縦棒グラフの領域です。

❸グラフタイトル
グラフのタイトルです。

❹データ系列
もとになる数値を視覚的に表す棒です。

❺値軸
データ系列の数値を表す軸です。

❻項目軸
データ系列の項目を表す軸です。

❼軸ラベル
軸を説明する文字列です。

❽凡例
データ系列に割り当てられた色を識別するための情報です。

2 グラフの場所の変更

シート上に作成したグラフを、「**グラフシート**」に移動できます。グラフシートとは、グラフ専用のシートで、シート全体にグラフを表示します。
シート上の縦棒グラフをグラフシートに移動しましょう。

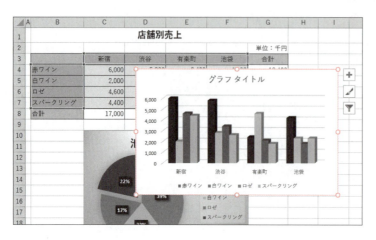

①縦棒グラフが選択されていることを確認します。

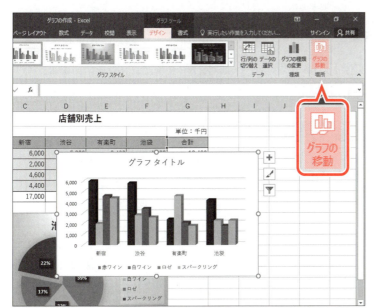

②《デザイン》タブを選択します。
③《場所》グループの (グラフの移動)をクリックします。

《グラフの移動》ダイアログボックスが表示されます。
④《新しいシート》を◉にします。
⑤《OK》をクリックします。

シート「Graph1」が挿入され、グラフの場所が移動します。

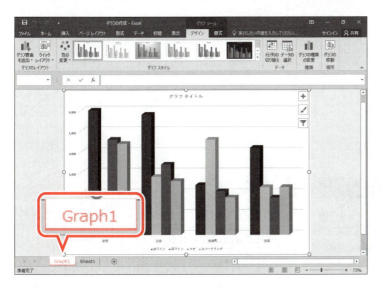

Let's Try ためしてみよう

グラフタイトルに「店舗別売上」と入力しましょう。

Let's Try Answer

① グラフタイトルをクリック
② グラフタイトルを再度クリック
③ 「グラフタイトル」を削除し、「店舗別売上」と入力
④ グラフタイトル以外の場所をクリック

3 グラフ要素の表示

必要なグラフ要素が表示されていない場合は、個別に配置します。
値軸の軸ラベルを表示しましょう。

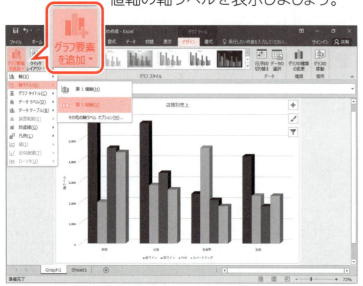

①グラフを選択します。
②《デザイン》タブを選択します。
③《グラフのレイアウト》グループの (グラフ要素を追加)をクリックします。
④《軸ラベル》をポイントします。
⑤《第1縦軸》をクリックします。

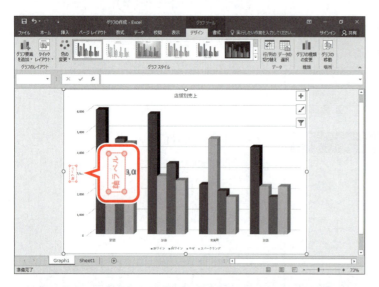

軸ラベルが表示されます。
⑥軸ラベルが選択されていることを確認します。

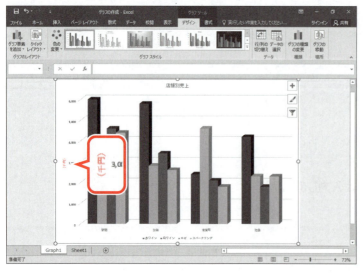

⑦軸ラベルをクリックします。
軸ラベルが編集状態になり、カーソルが表示されます。
⑧「軸ラベル」を削除し、「(千円)」と入力します。
⑨軸ラベル以外の場所をクリックします。
軸ラベルが確定されます。

4 グラフ要素の書式設定

グラフの各要素に対して、個々に書式を設定できます。
値軸の軸ラベルは、初期の設定で、左に90度回転した状態で表示されます。
値軸の軸ラベルが左に90度回転した状態になっているのを解除し、グラフの左上に移動しましょう。

①軸ラベルをクリックします。
軸ラベルが選択されます。
②《ホーム》タブを選択します。
③《配置》グループの (方向)をクリックします。
④《左へ90度回転》をクリックします。

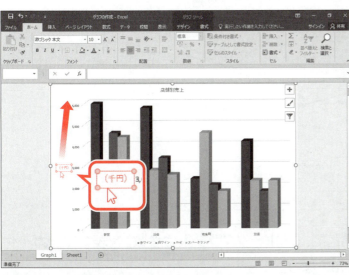

軸ラベルが横書きで表示されます。
⑤軸ラベルの枠線をポイントします。
マウスポインターの形が に変わります。
※軸ラベルの枠線内をポイントすると、マウスポインターの形が I になり、文字列の選択になるので注意しましょう。
⑥図のように、軸ラベルの枠線をドラッグします。
※ドラッグ中、マウスポインターの形が に変わります。

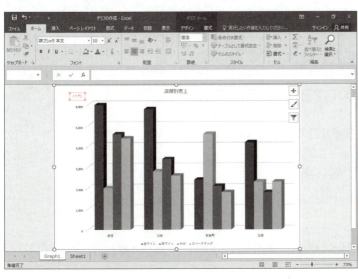

軸ラベルが移動します。
※ブックに「グラフの作成完成」と名前を付けて、フォルダー「第4章」に保存し、閉じておきましょう。

Exercise 練習問題

解答 ▶ P.121

完成図のようなグラフを作成しましょう。

 フォルダー「第4章」のブック「第4章練習問題」を開いておきましょう。

●完成図

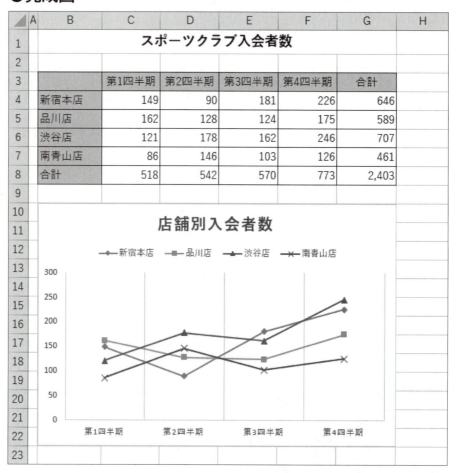

① セル範囲【B3:F7】をもとに、「スポーツクラブ入会者数」を表すマーカー付き折れ線グラフを作成しましょう。

Hint 《挿入》タブ→《グラフ》グループの （折れ線/面グラフの挿入）を使います。

② グラフタイトルを「店舗別入会者数」に変更しましょう。

③ グラフをセル範囲【B10:G22】に配置しましょう。

④ グラフのスタイルを「スタイル11」に変更しましょう。

⑤ グラフの色を「色2」に変更しましょう。

※ブックに「第4章練習問題完成」という名前を付けて、フォルダー「第4章」に保存し、閉じておきましょう。

Chapter 5
第5章
データベースの利用

Step1	操作するデータベースを確認する	101
Step2	データベース機能の概要	102
Step3	データを並べ替える	104
Step4	データを抽出する	107
練習問題		110

Step 1 操作するデータベースを確認する

1 操作するデータベースの確認

次のように、データの並べ替えや抽出を行いましょう。

「入会コース」を五十音順に並べ替え、
さらに「入会月」を早い順に並べ替え

「神奈川県」のデータを抽出

Step 2 データベース機能の概要

1 データベース機能

住所録や社員名簿、商品台帳、売上台帳などのように関連するデータをまとめたものを「**データベース**」といいます。このデータベースを管理・運用する機能が「**データベース機能**」です。データベース機能を使うと、大量のデータを効率よく管理できます。
データベース機能には、次のようなものがあります。

●並べ替え
指定した基準に従って、データを並べ替えます。

●フィルター
データベースから条件を満たすデータだけを抽出します。

2 データベース用の表

データベース機能を利用するには、「**列見出し**」「**フィールド**」「**レコード**」から構成される表にする必要があります。

1 表の構成

データベース用の表では、1件分のデータを横1行で管理します。

会員番号	入会月	名前	郵便番号	住所1	住所2	電話番号	入会コース
S0001	4月	浜崎百合子	272-0032	千葉県	市川市大洲1-3-X	047-379-XXXX	満足コース
S0002	4月	中川ゆり	151-0073	東京都	渋谷区笹塚1-61-X	03-3378-XXXX	お手軽コース
S0003	4月	谷口悠子	160-0023	東京都	新宿区西新宿7-23-X	03-3367-XXXX	フィットネスコース
S0004	4月	北村真紀子	242-0021	神奈川県	大和市中央4-1-X	046-262-XXXX	満足コース
S0005	4月	沖田孝実	160-0004	東京都	新宿区四谷3-5-X	03-5360-XXXX	水泳コース
S0006	4月	山本広子	160-0001	東京都	新宿区片町6-3-X	03-5366-XXXX	お手軽コース
S0007	4月	安田恵美子	330-0064	埼玉県	さいたま市浦和区岸町7-4-X	048-829-XXXX	お手軽コース
S0008	4月	松井英明	153-0062	東京都	目黒区三田1-4-X	03-5423-XXXX	平日コース

❶列見出し（フィールド名）
データを分類する項目名です。
列見出しは必ず設定し、レコード部分と異なる書式にします。

❷フィールド
列単位のデータです。
列見出しに対応した同じ種類のデータを入力します。

❸レコード
行単位のデータです。
1件分のデータを入力します。

2 表作成時の注意点

データベース用の表を作成するとき、次のような点に注意します。

	A	B	C	D	E	F	G	H	I
1						スポーツクラブ上期入会者名簿			
2									
3									
4	会員番号		入会月	名前	郵便番号	住所1	住所2	電話番号	入会コース
5	S0001		4月	浜崎百合子	272-0032	千葉県	市川市大洲1-3-X	047-379-XXXX	満足コース
6	S0002		4月	中川ゆり	151-0073	東京都	渋谷区笹塚1-61-X	03-3378-XXXX	お手軽コース
7	S0003		4月	谷口悠子	160-0023	東京都	新宿区西新宿7-23-X	03-3367-XXXX	フィットネスコース
8	S0004		4月	北村真紀子	242-0021	神奈川県	大和市中央4-1-X	046-262-XXXX	満足コース
9	S0005		4月	沖田孝実	160-0004	東京都	新宿区四谷3-5-X	03-5360-XXXX	水泳コース
10	S0006		4月	山本広子	160-0001	東京都	新宿区片町6-3-X	03-5366-XXXX	お手軽コース
11	S0007		4月	安田恵美子	330-0064	埼玉県	さいたま市浦和区岸町7-4-X	048-829-XXXX	お手軽コース
12	S0008		4月	松井英明	153-0062	東京都	目黒区三田1-4-X	03-5423-XXXX	平日コース
13	S0009		4月	平野芳子	227-0062	神奈川県	横浜市青葉区青葉台1-5-X	045-985-XXXX	平日コース
14	S0010		4月	小泉素子	272-0033	千葉県	市川市川南6-1-X	047-323-XXXX	満足コース
15	S0011		5月	金子よしの	236-0004	神奈川県	横浜市金沢区福浦1-8-X	045-788-XXXX	平日コース
16	S0012		5月	内山由紀	231-0007	神奈川県	横浜市中区弁天通4-53-X	045-227-XXXX	水泳コース
17	S0013		5月	上原浩子	275-0016	千葉県	習志野市津田沼1-2-X	047-473-XXXX	フィットネスコース
18	S0014		5月	麻奥恭弘	222-0033	神奈川県	横浜市港北区新横浜2-3-X	045-473-XXXX	フィットネスコース
19	S0015		5月	青木智亜子	260-0025	千葉県	千葉市中央区問屋町1-1-X	043-302-XXXX	満足コース
20	S0016		5月	松山知美	260-0013	千葉県	千葉市中央区中央1-3-X	043-224-XXXX	平日コース
21	S0017		6月	藤木由加里	107-0062	東京都	港区南青山4-17-X	03-3403-XXXX	平日コース
22	S0018		6月	夏川義信	220-0012	神奈川県	横浜市西区みなとみらい2-2-X	045-221-XXXX	お手軽コース
23	S0019		6月	髙橋由春	260-0026	千葉県	千葉市中央区千葉港8-2-X	043-247-XXXX	フィットネスコース
24	S0020		6月	新宮あやの	224-0032	神奈川県	横浜市都筑区茅ケ崎中央12-2-X	045-949-XXXX	水泳コース
25	S0021		7月	木村理沙	135-0091	東京都	港区台場3-5-X	03-5500-XXXX	フィットネスコース
26	S0022		7月	岡田真理子	222-0033	神奈川県	横浜市港北区新横浜2-28-X	045-475-XXXX	平日コース
27	S0023		7月	伊藤美津子	336-0017	埼玉県	さいたま市南区南浦和2-1-X	048-884-XXXX	満足コース
28	S0024		8月	吉岡ありさ	135-0063	東京都	江東区有明3-1-X	03-6700-XXXX	お手軽コース
29	S0025		8月	林千鶴子	151-0073	東京都	渋谷区笹塚1-8-X	03-3378-XXXX	満足コース
30	S0026		8月	中山未来	330-0854	埼玉県	さいたま市大宮区桜木町1-8-X	048-648-XXXX	フィットネスコース
31	S0027		8月	辻井秀子	236-0051	神奈川県	横浜市金沢区富岡東1-5-X	045-773-XXXX	水泳コース
32	S0028		8月	澤辺紀江	135-0091	東京都	港区台場1-2-X	03-5500-XXXX	フィットネスコース
33	S0029		9月	佐々木圭介	220-0004	神奈川県	横浜市西区北幸1-3-X	045-411-XXXX	フィットネスコース
34	S0030		9月	丘智宏	330-0081	埼玉県	さいたま市中央区新都心2-1-X	048-601-XXXX	満足コース

❶表に隣接するセルには、データを入力しない

データベースのセル範囲を自動的に認識させるには、表に隣接するセルを空白にしておきます。
セル範囲を手動で選択する手間が省けるので、効率的に操作できます。

❷1枚のシートにひとつの表を作成する

1枚のシートに複数の表が作成されている場合、一方の抽出結果が、もう一方に影響することがあります。できるだけ、1枚のシートにひとつの表を作成するようにしましょう。

❸先頭行は列見出しにする

表の先頭行には、列見出しを入力します。列見出しをもとに、並べ替えやフィルターが実行されます。

❹列見出しは異なる書式にする

列見出しは、太字にしたり塗りつぶしの色を設定したりして、レコードと異なる書式にします。
先頭行が列見出しであるかレコードであるかは、書式が異なるかどうかによって認識されます。

❺フィールドには同じ種類のデータを入力する

ひとつのフィールドには、同じ種類のデータを入力します。文字列と数値を混在させないようにしましょう。

❻1件分のデータを横1行で入力する

1件分のデータを横1行に入力します。複数行に分けて入力すると、意図したとおりに並べ替えやフィルターが行われません。

Step3 データを並べ替える

1 並べ替え

「**並べ替え**」を使うと、指定したキー（基準）に従って、データを並べ替えることができます。
並べ替えの順序には、「**昇順**」と「**降順**」があります。

データ	昇順	降順
数値	0→9	9→0
英字	A→Z	Z→A
日付	古→新	新→古
かな	あ→ん	ん→あ

※空白セルは、昇順でも降順でも表の末尾に並びます。

「**住所1**」を五十音順（あ→ん）で並べ替えましょう。
※漢字を入力すると、ふりがな情報も一緒にセルに格納されます。漢字は、そのふりがな情報をもとに並べ替えられます。

File OPEN フォルダー「第5章」のブック「データベースの利用」を開いておきましょう。

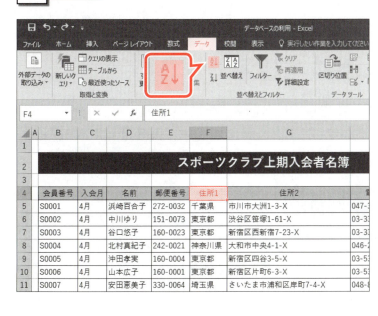

並べ替えのキーとなるセルを選択します。
①セル【F4】をクリックします。
※表内のF列のセルであれば、どこでもかまいません。
②《データ》タブを選択します。
③《並べ替えとフィルター》グループの ![昇順] （昇順）をクリックします。

「**住所1**」が五十音順に並べ替えられます。
※「会員番号」順に並べ替えておきましょう。

> ⚠ **POINT** ▶▶▶
>
> **表をもとの順番に戻す**
> 並べ替えを実行した後、表をもとの順番に戻す可能性がある場合、連番を入力したフィールドをあらかじめ用意しておきます。また、並べ替えを実行した直後であれば、（元に戻す）でもとに戻ります。

ふりがなの表示

STEP UP セルに格納されているふりがなを表示する方法は、次のとおりです。
◆セルを選択→《ホーム》タブ→《フォント》グループの ｜ア亜｜（ふりがなの表示/非表示）
※ふりがなを非表示にするには、｜ア亜｜（ふりがなの表示/非表示）を再度クリックします。

2 複数のキーによる並べ替え

複数のキーで並べ替えるには、 （並べ替え）を使います。
「**入会コース**」を五十音順（あ→ん）で並べ替え、さらに「**入会月**」が早い順に並べ替えましょう。

①セル【B4】をクリックします。
※表内のセルであれば、どこでもかまいません。
②《データ》タブを選択します。
③《並べ替えとフィルター》グループの （並べ替え）をクリックします。

《並べ替え》ダイアログボックスが表示されます。

④《先頭行をデータの見出しとして使用する》を☑にします。

1番目に優先されるキーを設定します。

⑤《列》の《最優先されるキー》の∨をクリックし、一覧から「入会コース」を選択します。

⑥《並べ替えのキー》が《値》になっていることを確認します。

⑦《順序》が《昇順》になっていることを確認します。

2番目に優先されるキーを設定します。

⑧《レベルの追加》をクリックします。

《次に優先されるキー》が表示されます。

⑨《列》の《次に優先されるキー》の∨をクリックし、一覧から「入会月」を選択します。

⑩《並べ替えのキー》が《値》になっていることを確認します。

⑪《順序》が《昇順》になっていることを確認します。

⑫《OK》をクリックします。

データが並べ替えられます。

※「会員番号」順に並べ替えておきましょう。

列見出しの認識

STEP UP 列見出しを異なる書式にしなかった場合に、先頭行のデータを列見出しとして認識させる方法は、次のとおりです。

◆《データ》タブ→《並べ替えとフィルター》グループの（並べ替え）→《☑先頭行をデータの見出しとして使用する》

Step 4 データを抽出する

1 フィルター

「フィルター」を使うと、条件を満たすレコードだけを抽出できます。
条件を満たすレコードだけが表示され、条件を満たさないレコードは一時的に非表示になります。

2 フィルターの実行

「住所1」が「神奈川県」のレコードを抽出しましょう。

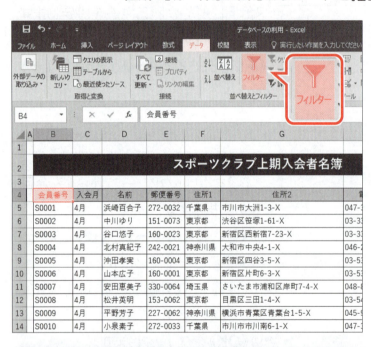

フィルターモードにします。
①セル【B4】をクリックします。
※表内のセルであれば、どこでもかまいません。
②《データ》タブを選択します。
③《並べ替えとフィルター》グループの (フィルター) をクリックします。

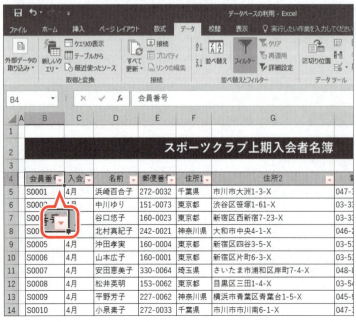

列見出しに ▼ が付き、フィルターモードになります。
※ボタンが濃い灰色になります。

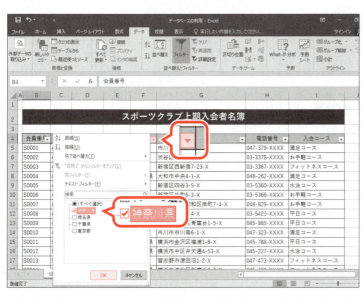

抽出する条件を設定します。
④「住所1」の▼をクリックします。
⑤《(すべて選択)》を☐にします。
※下位の項目がすべて☐になります。
⑥「神奈川県」を✔にします。
⑦《OK》をクリックします。

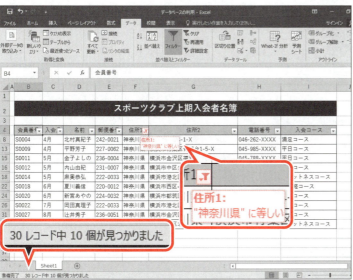

指定した条件でレコードが抽出されます。
⑧「住所1」の▼が🔽になっていることを確認します。
⑨「住所1」の🔽をポイントします。
ポップヒントに指定した条件が表示されます。
※抽出されたレコードの行番号が青色になります。また、条件を満たすレコードの件数がステータスバーに表示されます。

❗ POINT ▶▶▶

抽出結果の絞り込み
抽出した結果から、さらに条件を指定してレコードを絞り込むこともできます。

3 条件のクリア

フィルターの条件をクリアして、非表示になっているレコードを再表示しましょう。

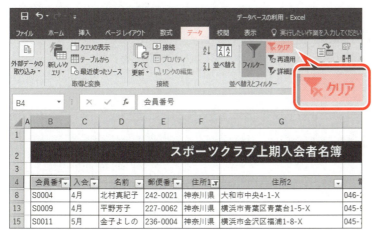

①《データ》タブを選択します。
②《並べ替えとフィルター》グループの(クリア)をクリックします。

108

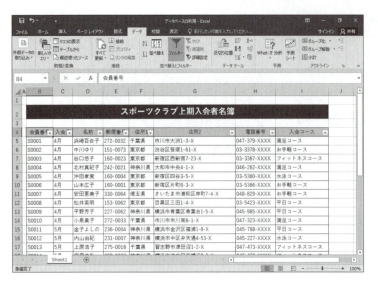

条件がクリアされ、すべてのレコードが表示されます。

> **POINT ▶▶▶**
>
> **すべての条件のクリア**
> 複数の条件を指定してレコードを絞り込んだ場合でも、 クリア （クリア）を使うと、すべての条件をクリアできます。

4 フィルターの解除

フィルターモードを解除しましょう。

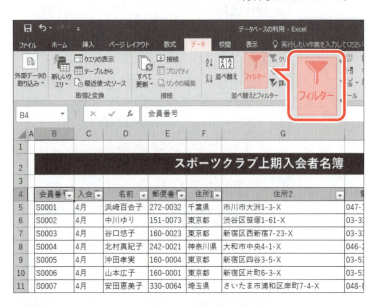

①《データ》タブを選択します。
②《並べ替えとフィルター》グループの （フィルター）をクリックします。

フィルターモードが解除されます。
※ が非表示になります。
※ボタンが標準の色に戻ります。
※ブックを保存せずに閉じておきましょう。

Exercise 練習問題

解答 ▶ P.122

次のようにデータを操作しましょう。

 フォルダー「第5章」のブック「第5章練習問題」を開いておきましょう。

●完成図

▶「住所1」を五十音順（あ→ん）に並べ替え、さらに「ジャンル」を五十音順（あ→ん）に並べ替え

No.	店舗名	ジャンル	郵便番号	住所1	住所2	電話番号	定休日
2	FOMマッサージ横浜店	足つぼマッサージ	241-0801	神奈川県	横浜市旭区若葉台5-1-X	045-443-XXXX	木
3	足もみ～横浜店	足つぼマッサージ	223-0061	神奈川県	横浜市港北区日吉1-8-X	045-331-XXXX	火
22	アロマ・グレープス	アロマテラピー	243-0011	神奈川県	厚木市厚木町3-4-X	046-861-XXXX	水
16	日入整骨院	カイロプラクティック	220-0011	神奈川県	横浜市西区高島2-16-X	045-535-XXXX	木
28	リラックスハウス・バウ	カイロプラクティック	236-0028	神奈川県	横浜市金沢区洲崎町3-4-X	045-772-XXXX	月
15	にしリラクルーム	岩盤浴	251-0015	神奈川県	藤沢市川名1-5-X	0466-33-XXXX	火
18	ひがしリラクルーム	岩盤浴	222-0001	神奈川県	横浜市港北区樽町2-4-X	045-355-XXXX	水
24	まったり気功	気功	243-0038	神奈川県	厚木市愛名5-4-X	046-866-XXXX	水
17	ヒーリングスパ	ゲルマニウム温泉	210-0001	神奈川県	川崎市川崎区本町3-2-X	044-983-XXXX	月
20	ふーろん神奈川店	ゲルマニウム温泉	251-0047	神奈川県	藤沢市辻堂1-3-X	0466-45-XXXX	月
26	モルダウ	酸素バー	231-0062	神奈川県	横浜市中区桜木町1-4-X	045-254-XXXX	月
13	ターン鍼灸治療院	鍼灸	231-0801	神奈川県	横浜市中区新山下2-5-X	045-832-XXXX	木
19	風鈴鍼灸院	鍼灸	231-0868	神奈川県	横浜市中区石川町6-4-X	045-213-XXXX	水
6	カズミマッサージ	マッサージ	222-0022	神奈川県	横浜市港北区篠原東1-8-X	045-331-XXXX	火
30	ロカンタス横浜店	マッサージ	241-0835	神奈川県	横浜市旭区柏町1-4-X	045-821-XXXX	火
1	FOMマッサージ杉並店	足つぼマッサージ	166-0001	東京都	杉並区阿佐谷北2-6-X	03-3312-XXXX	木
4	アロ～マ	アロマテラピー	106-0045	東京都	港区麻布十番3-3-X	03-5644-XXXX	月
5	癒しサロン・リラクル	アロマテラピー	100-0004	東京都	千代田区大手町3-1-X	03-3351-XXXX	水
27	サロン・カスピ	アロマテラピー	150-0012	東京都	渋谷区広尾5-14-X	03-5563-XXXX	水
12	整体院バランス	カイロプラクティック	150-0013	東京都	渋谷区恵比寿4-6-X	03-3554-XXXX	水
14	千代田整骨院	カイロプラクティック	100-0005	東京都	千代田区丸の内6-2-X	03-3311-XXXX	水
23	笹塚整体院	カイロプラクティック	151-0073	東京都	渋谷区笹塚3-6-X	03-3378-XXXX	火
11	スパリラックス	岩盤浴	107-0062	東京都	港区南青山2-4-X	03-5487-XXXX	月
7	健康門治療院	気功	160-0023	東京都	新宿区西新宿2-5-X	03-3355-XXXX	水
21	ふーろん東京店	ゲルマニウム温泉	101-0021	東京都	千代田区外神田8-9-X	03-3425-XXXX	木
8	サンソート	酸素バー	105-0001	東京都	港区虎ノ門2-2-X	03-5414-XXXX	水
9	酸素バーOxy	酸素バー	105-0022	東京都	港区海岸1-5-X	03-5401-XXXX	火
10	シルクロード鍼灸院	鍼灸	101-0047	東京都	千代田区内神田4-3-X	03-3425-XXXX	火
25	ミナト治療院	鍼灸	105-0011	東京都	港区芝公園1-1-X	03-3455-XXXX	水
29	ロカンタス新宿店	マッサージ	160-0004	東京都	新宿区四谷3-4-X	03-3355-XXXX	火

▶「住所1」が「神奈川県」、「定休日」が「水」以外のレコードを抽出

No.	店舗名	ジャンル	郵便番号	住所1	住所2	電話番号	定休日
2	FOMマッサージ横浜店	足つぼマッサージ	241-0801	神奈川県	横浜市旭区若葉台5-1-X	045-443-XXXX	木
3	足もみ～横浜店	足つぼマッサージ	223-0061	神奈川県	横浜市港北区日吉1-8-X	045-331-XXXX	火
6	カズミマッサージ	マッサージ	222-0022	神奈川県	横浜市港北区篠原東1-8-X	045-331-XXXX	火
13	ターン鍼灸治療院	鍼灸	231-0801	神奈川県	横浜市中区新山下2-5-X	045-832-XXXX	木
15	にしリラクルーム	岩盤浴	251-0015	神奈川県	藤沢市川名1-5-X	0466-33-XXXX	火
16	日入整骨院	カイロプラクティック	220-0011	神奈川県	横浜市西区高島2-16-X	045-535-XXXX	木
17	ヒーリングスパ	ゲルマニウム温泉	210-0001	神奈川県	川崎市川崎区本町3-2-X	044-983-XXXX	月
20	ふーろん神奈川店	ゲルマニウム温泉	251-0047	神奈川県	藤沢市辻堂1-3-X	0466-45-XXXX	月
26	モルダウ	酸素バー	231-0062	神奈川県	横浜市中区桜木町1-4-X	045-254-XXXX	月
28	リラックスハウス・バウ	カイロプラクティック	236-0028	神奈川県	横浜市金沢区洲崎町3-4-X	045-772-XXXX	月
30	ロカンタス横浜店	マッサージ	241-0835	神奈川県	横浜市旭区柏町1-4-X	045-821-XXXX	火

▶「住所1」が「東京都」、「ジャンル」が「アロマテラピー」または「カイロプラクティック」のレコードを抽出

① 「住所1」を五十音順（あ→ん）に並べ替え、さらに「ジャンル」を五十音順（あ→ん）に並べ替えましょう。

② 「No.」順に並べ替えましょう。

③ フィルターモードにしましょう。

④ 「住所1」が「神奈川県」のレコードを抽出しましょう。
　さらに、「定休日」が「水」以外のレコードを抽出しましょう。

⑤ フィルターの条件をすべてクリアしましょう。

⑥ 「住所1」が「東京都」のレコードを抽出しましょう。
　さらに、「ジャンル」が「アロマテラピー」または「カイロプラクティック」のレコードを抽出しましょう。

⑦ フィルターの条件をすべてクリアしましょう。

⑧ フィルターモードを解除しましょう。

※ブックを保存せずに閉じておきましょう。

Exercise

総合問題

総合問題1	113
総合問題2	114
総合問題3	115
総合問題4	116
総合問題5	117

Exercise 総合問題1

解答 ▶ P.123

完成図のような表を作成しましょう。

 フォルダー「総合問題」のブック「総合問題1」を開いておきましょう。

●完成図

①セル【B4】に「6月1日」、セル【C4】に「水」と入力しましょう。

Hint 「○月○日」と入力する場合、「○/○」または「○-○」と入力します。

②セル【C4】の曜日を中央揃えにしましょう。

③オートフィルを使って、セル範囲【B5:C33】に月日と曜日を入力しましょう。

④セル【B1】のタイトルを「**グループスケジュール表**」に変更しましょう。

⑤セル【B1】のタイトルにセルのスタイル「**タイトル**」を設定しましょう。

Hint 《ホーム》タブ→《スタイル》グループの（セルのスタイル）を使います。

⑥セル範囲【B1:H1】を結合し、セルの中央にタイトルを配置しましょう。

⑦3行目の項目名を中央揃えにし、太字を設定しましょう。

⑧表内で日曜日の行を「**青、アクセント5、白+基本色80%**」で塗りつぶしましょう。

※ブックに「総合問題1完成」という名前を付けて、フォルダー「総合問題」に保存し、閉じておきましょう。

Exercise 総合問題2

解答 ▶ P.124

完成図のような表を作成しましょう。

 フォルダー「総合問題」のブック「総合問題2」を開いておきましょう。

●完成図

	A	B	C	D	E	F	G	H	I	J
1		週間入場者数								
2										
3			第1週	第2週	第3週	第4週	合計	平均	年代別構成比	
4		10代以下	12,453	13,425	15,432	13,254	54,564	13,641	21.7%	
5		20代	21,531	23,405	28,451	24,854	98,241	24,560	39.0%	
6		30代	12,324	13,584	19,543	14,683	60,134	15,034	23.9%	
7		40代	8,452	7,483	8,253	8,246	32,434	8,109	12.9%	
8		50代以上	1,250	2,254	1,482	1,243	6,229	1,557	2.5%	
9		合計	56,010	60,151	73,161	62,280	251,602	62,901	100.0%	
10										

①セル【C9】に「第1週」の「合計」を求めましょう。
次に、セル【C9】の数式をセル範囲【D9:F9】にコピーしましょう。

②セル【G4】に「10代以下」の「合計」を求めましょう。

③セル【H4】に「10代以下」の「平均」を求めましょう。
次に、セル【G4】とセル【H4】の数式をセル範囲【G5:H9】にコピーしましょう。

④セル【I4】に「10代以下」の「年代別構成比」を求めましょう。
次に、セル【I4】の数式をセル範囲【I5:I9】にコピーしましょう。

Hint 「年代別構成比」は「各年代の合計÷入場者の合計」で求めます。

⑤セル範囲【B3:I9】に格子の罫線を引きましょう。

⑥セル範囲【C4:H9】の数値に3桁区切りカンマを付けましょう。

⑦セル範囲【I4:I9】の数値を小数点第1位までのパーセント表示に変更しましょう。

⑧I列の列幅を自動調整し、最適な列幅に変更しましょう。

※ブックに「総合問題2完成」という名前を付けて、フォルダー「総合問題」に保存し、閉じておきましょう。

Exercise 総合問題3

解答 ▶ P.125

完成図のような表を作成しましょう。

 フォルダー「総合問題」のブック「総合問題3」を開いておきましょう。

●完成図

	A	B	C	D	E	F	G
1		衆議院議員選挙					
2		比例代表選挙区・投票状況					
3							
4		選挙ブロック	議員数(人)	有権者数(千人)	投票者数(千人)	投票率	全国投票率との差
5		北海道ブロック	8	4,576	2,688	58.7%	-0.6%
6		東北ブロック	14	7,615	4,487	58.9%	-0.4%
7		北関東ブロック	20	11,536	6,612	57.3%	-2.0%
8		南関東ブロック	22	13,096	7,796	59.5%	0.2%
9		東京ブロック	17	10,721	6,669	62.2%	2.9%
10		北陸信越ブロック	11	6,187	3,766	60.9%	1.6%
11		東海ブロック	21	12,114	7,321	60.4%	1.1%
12		近畿ブロック	29	16,838	9,953	59.1%	-0.2%
13		中国ブロック	11	6,151	3,589	58.3%	-1.0%
14		四国ブロック	6	3,292	1,909	58.0%	-1.3%
15		九州ブロック	21	11,839	6,878	58.1%	-1.2%
16		合計	180	103,965	61,668	59.3%	
17							

①セル【B1】のタイトルに次のような書式を設定しましょう。

フォントサイズ：18　　　　フォント：MSP明朝　　　　太字

②「南関東ブロック」と「北陸信越ブロック」の間（9行目）に1行挿入しましょう。
次に、挿入した行に次のデータを入力しましょう。

セル【B9】：東京ブロック　　　　セル【C9】：17
セル【D9】：10721　　　　　　　　セル【E9】：6669

③セル【F5】に「北海道ブロック」の「投票率」を求めましょう。
次に、セル【F5】の数式をセル範囲【F6:F16】にコピーしましょう。

Hint 「投票率」は「投票者数（千人）÷有権者数（千人）」で求めます。

④セル【G5】に「北海道ブロック」の「全国投票率との差」を求めましょう。
次に、セル【G5】の数式をセル範囲【G6:G15】にコピーしましょう。

Hint 「全国投票率との差」は「各選挙ブロックの投票率－全国の投票率」で求めます。

⑤セル範囲【F5:F16】とセル範囲【G5:G15】の数値を小数点第1位までのパーセント表示に変更しましょう。

⑥セル範囲【B16:G16】を「ブルーグレー、テキスト2、白+基本色60%」で塗りつぶしましょう。

※ブックに「総合問題3完成」という名前を付けて、フォルダー「総合問題」に保存し、閉じておきましょう。

Exercise 総合問題4

解答 ▶ P.126

完成図のようなグラフを作成しましょう。

File OPEN フォルダー「総合問題」のブック「総合問題4」を開いておきましょう。

●完成図

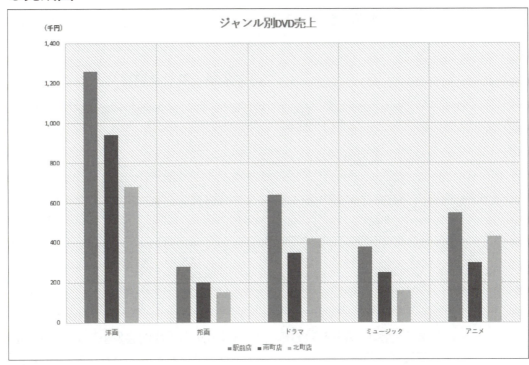

①セル範囲【B3:G6】をもとに、2-D集合縦棒グラフを作成しましょう。

②グラフのタイトルを「**ジャンル別DVD売上**」に変更しましょう。

③グラフのスタイルを「**スタイル7**」に変更しましょう。

④グラフの色を「**色4**」に変更しましょう。

⑤グラフを新しいシートに移動しましょう。

⑥値軸の軸ラベルを表示し、軸ラベルを「**(千円)**」に変更しましょう。

⑦値軸の軸ラベルが左に90度回転した状態になっているのを解除し、グラフの左上に移動しましょう。

※ブックに「総合問題4完成」という名前を付けて、フォルダー「総合問題」に保存し、閉じておきましょう。

Exercise 総合問題5

解答 ▶ P.127

次のようにデータを操作しましょう。

 フォルダー「総合問題」のブック「総合問題5」を開いておきましょう。

●完成図

▶「会員種別」を五十音順（あ→ん）に並べ替え、さらに「入会年」を早い順に並べ替え

	A	B	C	D	E	F	G	H	I
1									
2					大阪支部　カード会員リスト				
3									
4		会員番号	入会年	名前	郵便番号	住所	電話番号	会員種別	
5		A0001	2011年	中田由美	535-0004	大阪府大阪市旭区生江3-4-X	06-6921-XXXX	一般会員	
6		A0003	2011年	岡村亮介	554-0021	大阪府大阪市此花区春日出北1-4-X	06-6466-XXXX	一般会員	
7		A0004	2012年	上原有紀	561-0854	大阪府豊中市稲津町3-2-X	06-6864-XXXX	一般会員	
8		A0007	2012年	伊東麻里子	535-0004	大阪府大阪市旭区生江2-5-X	06-6921-XXXX	一般会員	
9		A0009	2013年	岡田義雄	554-0001	大阪府大阪市此花区高見1-6-X	06-6466-XXXX	一般会員	
10		A0010	2013年	浜崎宏美	558-0041	大阪府大阪市住吉区南住吉1-5-X	06-6694-XXXX	一般会員	
11		A0011	2013年	谷口弘樹	532-0032	大阪府大阪市淀川区木2-1-2-...	06-6391-XXXX	一般会員	
31		A0025	2016年	篠田伸吾	564-0063	大阪府吹田市江坂町2-7-X	06-6821-XXXX	特別会員	
32		A0026	2016年	内村雅和	560-0036	大阪府豊中市蛍池西町2-9-X	06-6843-XXXX	特別会員	
33		A0028	2016年	矢野伸輔	598-0021	大阪府泉佐野市日根野3-4-X	072-460-XXXX	特別会員	
34		A0029	2016年	上田慎一	550-0001	大阪府大阪市西区土佐堀5-2-X	06-6449-XXXX	特別会員	
35									

▶「入会年」が「2016年」、「会員種別」が「特別会員」のレコードを抽出

	A	B	C	D	E	F	G	H	I
1									
2					大阪支部　カード会員リスト				
3									
4		会員番▼	入会▼	名前▼	郵便番▼	住所 ▼	電話番▼	会員種別▼	
29		A0025	2016年	篠田伸吾	564-0063	大阪府吹田市江坂町2-7-X	06-6821-XXXX	特別会員	
30		A0026	2016年	内村雅和	560-0036	大阪府豊中市蛍池西町2-9-X	06-6843-XXXX	特別会員	
32		A0028	2016年	矢野伸輔	598-0021	大阪府泉佐野市日根野3-4-X	072-460-XXXX	特別会員	
33		A0029	2016年	上田慎一	550-0001	大阪府大阪市西区土佐堀5-2-X	06-6449-XXXX	特別会員	
35									

①「会員種別」を五十音順（あ→ん）に並べ替え、さらに「入会年」を早い順に並べ替えましょう。

②「会員番号」順に並べ替えましょう。

③「入会年」が「2016年」のレコードを抽出しましょう。
　さらに、「会員種別」が「特別会員」のレコードを抽出しましょう。

④フィルターの条件をすべてクリアしましょう。

⑤フィルターモードを解除しましょう。

※ブックを保存せずに閉じておきましょう。

Answer

解答

練習問題解答……………………………………………………… 119
総合問題解答……………………………………………………… 123

Answer 練習問題解答

第2章 練習問題

①
①《ファイル》タブを選択
②《新規》をクリック
③《空白のブック》をクリック

②
省略

③
①セル【B7】をクリック
②《ホーム》タブを選択
③《クリップボード》グループの (コピー)をクリック
④セル【F3】をクリック
⑤《クリップボード》グループの (貼り付け)をクリック

④
①セル【F4】をクリック
②「=」を入力
③セル【C4】をクリック
④「+」を入力
⑤セル【D4】をクリック
⑥「+」を入力
⑦セル【E4】をクリック
⑧ Enter を押す

⑤
①セル【C7】をクリック
②「=」を入力
③セル【C4】をクリック
④「+」を入力
⑤セル【C5】をクリック
⑥「+」を入力
⑦セル【C6】をクリック
⑧ Enter を押す

⑥
①セル【F4】をクリック
②セル【F4】の右下の■(フィルハンドル)をセル【F6】までドラッグ

⑦
①セル【C7】をクリック
②セル【C7】の右下の■(フィルハンドル)をセル【F7】までドラッグ

⑧
①セル【B1】をダブルクリック
②「アルコール飲料販売数」に修正
③ Enter を押す

⑨
①《ファイル》タブを選択
②《名前を付けて保存》をクリック
③《参照》をクリック
④左側の一覧から《ドキュメント》を選択
※《ドキュメント》が表示されていない場合は、《PC》をダブルクリックします。
⑤右側の一覧から「初心者のためのExcel 2016」を選択
⑥《開く》をクリック
⑦一覧から「第2章」を選択
⑧《開く》をクリック
⑨《ファイル名》に「第2章練習問題完成」と入力
⑩《保存》をクリック

第3章 練習問題

①
①セル【C8】をクリック
②《ホーム》タブを選択
③《編集》グループの Σ (合計)をクリック
④数式バーに「=SUM(C4:C7)」と表示されていることを確認
⑤ Enter を押す
⑥セル【C8】をクリック
⑦セル【C8】の右下の■(フィルハンドル)をセル【H8】までドラッグ

②
①セル【I4】をクリック
②《ホーム》タブを選択
③《編集》グループの Σ (合計)をクリック
④数式バーに「=SUM(C4:H4)」と表示されていることを確認
⑤ Enter を押す

③
①セル【J4】をクリック
②《ホーム》タブを選択
③《編集》グループの Σ▼ (合計)の▼をクリックし、《平均》をクリック
④セル範囲【C4:H4】をドラッグ
⑤数式バーに「=AVERAGE(C4:H4)」と表示されていることを確認
⑥ Enter を押す
⑦セル範囲【I4:J4】を選択
⑧セル範囲【I4:J4】の右下の■(フィルハンドル)をセル【J8】までドラッグ

④
①セル【K4】をクリック
②「=」を入力
③セル【I4】をクリック
④「/」を入力
⑤セル【I8】をクリック
⑥ F4 を押す
⑦数式バーに「=I4/$I$8」と表示されていることを確認
⑧ Enter を押す
⑨セル【K4】をクリック
⑩セル【K4】の右下の■(フィルハンドル)をセル【K8】までドラッグ

⑤
①セル範囲【B3:K8】を選択
②《ホーム》タブを選択
③《フォント》グループの (下罫線)の▼をクリック
④《格子》をクリック

⑥
①セル範囲【C4:J8】を選択
②《ホーム》タブを選択
③《数値》グループの , (桁区切りスタイル)をクリック

⑦
①セル範囲【K4:K8】を選択
②《ホーム》タブを選択
③《数値》グループの % (パーセントスタイル)をクリック
④《数値》グループの (小数点以下の表示桁数を増やす)をクリック

⑧
①列番号【A】の右側の境界線をポイント
②ポップヒントが《幅:1.00(13ピクセル)》になるまで左側にドラッグ
③列番号【B】の右側の境界線をポイント
④ポップヒントが《幅:7.00(61ピクセル)》になるまで左側にドラッグ

解答

⑨
①列番号【K】の右側の境界線をポイント
②マウスポインターの形が ✣ に変わったら、ダブルクリック

⑩
①セル範囲【C3:K3】を選択
②《ホーム》タブを選択
③《配置》グループの ≡ (中央揃え)をクリック

⑪
①セル範囲【B1:K1】を選択
②《ホーム》タブを選択
③《配置》グループの □ (セルを結合して中央揃え)をクリック

⑫
①セル【B1】をクリック
②《ホーム》タブを選択
③《フォント》グループの 11 (フォントサイズ)の ▼ をクリック
④《18》をクリック

第4章 練習問題

①
①セル範囲【B3:F7】を選択
②《挿入》タブを選択
③《グラフ》グループの ⋀⋀ (折れ線/面グラフの挿入)をクリック
④《2-D折れ線》の《マーカー付き折れ線》をクリック

②
①グラフタイトルをクリック
②グラフタイトルを再度クリック
③「グラフタイトル」を削除し、「**店舗別入会者数**」と入力
④グラフタイトル以外の場所をクリック

③
①グラフエリアをドラッグ(目安:セル【B10】)
②グラフエリアの枠の右下をドラッグして、サイズを変更(目安:セル【G22】)

④
①グラフを選択
②《デザイン》タブを選択
③《グラフスタイル》グループの ▼ (その他)をクリック
④《スタイル11》(左から5番目、上から2番目)をクリック

⑤
①グラフを選択
②《デザイン》タブを選択
③《グラフスタイル》グループの 色の変更 (グラフクイックカラー)をクリック
④《カラフル》の《色2》(上から2番目)をクリック

第5章 練習問題

①
①セル【B3】をクリック
※表内のセルであれば、どこでもかまいません。
②《データ》タブを選択
③《並べ替えとフィルター》グループの ![並べ替え] (並べ替え)をクリック
④《先頭行をデータの見出しとして使用する》を ☑ にする
⑤《列》の《最優先されるキー》の ⌄ をクリックし、一覧から「住所1」を選択
⑥《並べ替えのキー》が《値》になっていることを確認
⑦《順序》が《昇順》になっていることを確認
⑧《レベルの追加》をクリック
⑨《列》の《次に優先されるキー》の ⌄ をクリックし、一覧から「ジャンル」を選択
⑩《並べ替えのキー》が《値》になっていることを確認
⑪《順序》が《昇順》になっていることを確認
⑫《OK》をクリック

②
①セル【B3】をクリック
※表内のB列のセルであれば、どこでもかまいません。
②《データ》タブを選択
③《並べ替えとフィルター》グループの ![A↓Z] (昇順)をクリック

③
①セル【B3】をクリック
※表内のセルであれば、どこでもかまいません。
②《データ》タブを選択
③《並べ替えとフィルター》グループの ![フィルター] (フィルター)をクリック

④
①「住所1」の ▼ をクリック
②《東京都》を ☐ にする
③《OK》をクリック
※15件のレコードが抽出されます。
④「定休日」の ▼ をクリック
⑤「水」を ☐ にする
⑥《OK》をクリック
※11件のレコードが抽出されます。

⑤
①《データ》タブを選択
②《並べ替えとフィルター》グループの ![クリア] (クリア)をクリック

⑥
①「住所1」の ▼ をクリック
②《神奈川県》を ☐ にする
③《OK》をクリック
※15件のレコードが抽出されます。
④「ジャンル」の ▼ をクリック
⑤《(すべて選択)》を ☐ にする
※下位の項目がすべて ☐ になります。
⑥《アロマテラピー》を ☑ にする
⑦《カイロプラクティック》を ☑ にする
⑧《OK》をクリック
※6件のレコードが抽出されます。

⑦
①《データ》タブを選択
②《並べ替えとフィルター》グループの ![クリア] (クリア)をクリック

⑧
①《データ》タブを選択
②《並べ替えとフィルター》グループの ![フィルター] (フィルター)をクリック

Answer 総合問題解答

総合問題1

①

①セル【B4】に「6/1」と入力
※「6-1」と入力してもかまいません。
②Enterを押す
③セル【C4】に「水」と入力
④Enterを押す

②

①セル【C4】をクリック
②《ホーム》タブを選択
③《配置》グループの ≡ （中央揃え）をクリック

③

①セル範囲【B4:C4】を選択
②セル範囲【B4:C4】の右下の■（フィルハンドル）をセル【C33】までドラッグ

④

①セル【B1】をダブルクリック
②「グループスケジュール表」に修正
③Enterを押す

⑤

①セル【B1】をクリック
②《ホーム》タブを選択
③《スタイル》グループの セルのスタイル （セルのスタイル）をクリック
④《タイトルと見出し》の《タイトル》をクリック

⑥

①セル範囲【B1:H1】を選択
②《ホーム》タブを選択
③《配置》グループの （セルを結合して中央揃え）をクリック

⑦

①セル範囲【B3:H3】を選択
②《ホーム》タブを選択
③《配置》グループの ≡ （中央揃え）をクリック
④《フォント》グループの B （太字）をクリック

⑧

①セル範囲【B8:H8】を選択
②Ctrlを押しながら、セル範囲【B15:H15】を選択
③Ctrlを押しながら、セル範囲【B22:H22】を選択
④Ctrlを押しながら、セル範囲【B29:H29】を選択
⑤《ホーム》タブを選択
⑥《フォント》グループの （塗りつぶしの色）の をクリック
⑦《テーマの色》の《青、アクセント5、白+基本色80％》（左から9番目、上から2番目）をクリック

総合問題2

①

①セル【C9】をクリック
②《ホーム》タブを選択
③《編集》グループの Σ (合計)をクリック
④数式バーに「=SUM(C4:C8)」と表示されていることを確認
⑤ Enter を押す
⑥セル【C9】をクリック
⑦セル【C9】の右下の■(フィルハンドル)をセル【F9】までドラッグ

②

①セル【G4】をクリック
②《ホーム》タブを選択
③《編集》グループの Σ (合計)をクリック
④数式バーに「=SUM(C4:F4)」と表示されていることを確認
⑤ Enter を押す

③

①セル【H4】をクリック
②《ホーム》タブを選択
③《編集》グループの Σ▼ (合計)の ▼ をクリック
④《平均》をクリック
⑤セル範囲【C4:F4】をドラッグ
⑥数式バーに「=AVERAGE(C4:F4)」と表示されていることを確認
⑦ Enter を押す
⑧セル範囲【G4:H4】を選択
⑨セル範囲【G4:H4】の右下の■(フィルハンドル)をセル【H9】までドラッグ

④

①セル【I4】をクリック
②「=」を入力
③セル【G4】をクリック
④「/」を入力
⑤セル【G9】をクリック
⑥ F4 を押す
⑦数式バーに「=G4/$G$9」と表示されていることを確認
⑧ Enter を押す
⑨セル【I4】をクリック
⑩セル【I4】の右下の■(フィルハンドル)をセル【I9】までドラッグ

⑤

①セル範囲【B3:I9】を選択
②《ホーム》タブを選択
③《フォント》グループの ▼ (下罫線)の ▼ をクリック
④《格子》をクリック

⑥

①セル範囲【C4:H9】を選択
②《ホーム》タブを選択
③《数値》グループの , (桁区切りスタイル)をクリック

⑦

①セル範囲【I4:I9】を選択
②《ホーム》タブを選択
③《数値》グループの % (パーセントスタイル)をクリック
④《数値》グループの ←.0 (小数点以下の表示桁数を増やす)をクリック

⑧

①列番号【I】の右側の境界線をポイント
②マウスポインターの形が ✛ に変わったら、ダブルクリック

総合問題3

①
①セル【B1】をクリック
②《ホーム》タブを選択
③《フォント》グループの 11 (フォントサイズ)の ▼ をクリックし、一覧から《18》を選択
④《フォント》グループの 游ゴシック (フォント)の ▼ をクリックし、一覧から《MSP明朝》を選択
⑤《フォント》グループの B (太字)をクリック

②
①行番号【9】を右クリック
②《挿入》をクリック
③セル【B9】に「東京ブロック」と入力
④セル【C9】に「17」と入力
⑤セル【D9】に「10721」と入力
⑥セル【E9】に「6669」と入力

③
①セル【F5】をクリック
②「=」を入力
③セル【E5】をクリック
④「/」を入力
⑤セル【D5】をクリック
⑥数式バーに「=E5/D5」と表示されていることを確認
⑦ Enter を押す
⑧セル【F5】をクリック
⑨セル【F5】の右下の■(フィルハンドル)をセル【F16】までドラッグ

④
①セル【G5】をクリック
②「=」を入力
③セル【F5】をクリック
④「-」を入力
⑤セル【F16】をクリック
⑥ F4 を押す
⑦数式バーに「=F5-$F$16」と表示されていることを確認
⑧ Enter を押す
⑨セル【G5】をクリック
⑩セル【G5】の右下の■(フィルハンドル)をセル【G15】までドラッグ

⑤
①セル範囲【F5:F16】を選択
② Ctrl を押しながら、セル範囲【G5:G15】を選択
③《ホーム》タブを選択
④《数値》グループの % (パーセントスタイル)をクリック
⑤《数値》グループの (小数点以下の表示桁数を増やす)をクリック

⑥
①セル範囲【B16:G16】を選択
②《ホーム》タブを選択
③《フォント》グループの (塗りつぶしの色)の ▼ をクリック
④《テーマの色》の《ブルーグレー、テキスト2、白+基本色60%》(左から4番目、上から3番目)をクリック

総合問題4

①
①セル範囲【B3:G6】を選択
②《挿入》タブを選択
③《グラフ》グループの ![] (縦棒/横棒グラフの挿入)をクリック
④《2-D縦棒》の《集合縦棒》をクリック

②
①グラフタイトルをクリック
②グラフタイトルを再度クリック
③「グラフタイトル」を削除し、「ジャンル別DVD売上」と入力
④グラフタイトル以外の場所をクリック

③
①グラフを選択
②《デザイン》タブを選択
③《グラフスタイル》グループの ![] (その他)をクリック
④《スタイル7》(左から1番目、上から2番目)をクリック

④
①グラフを選択
②《デザイン》タブを選択
③《グラフスタイル》グループの ![] (グラフクイックカラー)をクリック
④《カラフル》の《色4》(上から4番目)をクリック

⑤
①グラフを選択
②《デザイン》タブを選択
③《場所》グループの ![] (グラフの移動)をクリック
④《新しいシート》を ◉ にする
⑤《OK》をクリック

⑥
①グラフを選択
②《デザイン》タブを選択
③《グラフのレイアウト》グループの ![] (グラフ要素を追加)をクリック
④《軸ラベル》をポイント
⑤《第1縦軸》をクリック
⑥軸ラベルが選択されていることを確認
⑦軸ラベルをクリック
⑧「軸ラベル」を削除し、「(千円)」と入力
⑨軸ラベル以外の場所をクリック

⑦
①軸ラベルをクリック
②《ホーム》タブを選択
③《配置》グループの ![] (方向)をクリック
④《左へ90度回転》をクリック
⑤軸ラベルが選択されていることを確認
⑥軸ラベルの枠線をドラッグ

総合問題5

①

①セル【B4】をクリック
※表内のセルであれば、どこでもかまいません。
②《データ》タブを選択
③《並べ替えとフィルター》グループの (並べ替え)をクリック
④《先頭行をデータの見出しとして使用する》を ✓ にする
⑤《列》の《最優先されるキー》の ∨ をクリックし、一覧から「会員種別」を選択
⑥《並べ替えのキー》が《値》になっていることを確認
⑦《順序》が《昇順》になっていることを確認
⑧《レベルの追加》をクリック
⑨《列》の《次に優先されるキー》の ∨ をクリックし、一覧から「入会年」を選択
⑩《並べ替えのキー》が《値》になっていることを確認
⑪《順序》が《昇順》になっていることを確認
⑫《OK》をクリック

②

①セル【B4】をクリック
※表内のB列のセルであれば、どこでもかまいません。
②《データ》タブを選択
③《並べ替えとフィルター》グループの (昇順)をクリック

③

①セル【B4】をクリック
※表内のセルであれば、どこでもかまいません。
②《データ》タブを選択
③《並べ替えとフィルター》グループの (フィルター)をクリック
④「入会年」の ▼ をクリック
⑤《(すべて選択)》を □ にする
※下位の項目がすべて □ になります。
⑥「2016年」を ✓ にする
⑦《OK》をクリック
※6件のレコードが抽出されます。
⑧「会員種別」の ▼ をクリック
⑨「一般会員」を □ にする
⑩《OK》をクリック
※4件のレコードが抽出されます。

④

①《データ》タブを選択
②《並べ替えとフィルター》グループの (クリア)をクリック

⑤

①《データ》タブを選択
②《並べ替えとフィルター》グループの (フィルター)をクリック

付録1

Appendix 1

Windows 10の基礎知識

Step1	Windowsの概要	129
Step2	マウス操作とタッチ操作	130
Step3	Windows 10の起動	132
Step4	Windowsの画面構成	133
Step5	ウィンドウの基本操作	136
Step6	ファイルの基本操作	145
Step7	Windows 10の終了	151

Step 1 Windowsの概要

1 Windowsとは

「Windows」は、マイクロソフトが開発した「OS（Operating System）」です。OSは、パソコンを動かすための基本的な機能を提供するソフトウェアで、ハードウェアとアプリの間を取り持つ役割を果たします。
OSにはいくつかの種類がありますが、市販のパソコンのOSとしてはWindowsが最も普及しています。

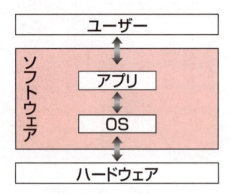

POINT ▶▶▶

ハードウェアとソフトウェア
パソコン本体、キーボード、ディスプレイ、プリンターなどの各装置のことを「ハードウェア（ハード）」といいます。また、OSやアプリなどのパソコンを動かすためのプログラムのことを「ソフトウェア（ソフト）」といいます。

アプリ
「アプリ」とは、ワープロソフトや表計算ソフトなどのように、特定の目的を果たすソフトウェアのことです。「アプリケーションソフト」や「アプリケーション」ともいいます。

2 Windows 10とは

Windowsは、時代とともにバージョンアップされ、「Windows 7」「Windows 8」「Windows 8.1」のような製品が提供され、2015年7月に「Windows 10」が新しく登場しました。
このWindows 10は、インターネットに接続されている環境では、自動的に更新されるしくみになっていて、常に機能改善が行われます。このしくみを「Windowsアップデート」といいます。

※本書は、2016年3月現在のWindows 10（ビルド10586.104）に基づいて解説しています。Windowsアップデートによって機能が更新された場合には、本書の記載のとおりに操作できなくなる可能性があります。あらかじめご了承ください。

Step2 マウス操作とタッチ操作

1 マウス操作

パソコンは、主にマウスを使って操作します。マウスは、左ボタンに人さし指を、右ボタンに中指をのせて軽く握ります。机の上などの平らな場所でマウスを動かすと、画面上の (マウスポインター) が動きます。
マウスの基本的な操作方法を覚えましょう。

●ポイント
マウスポインターを操作したい場所に合わせます。

●クリック
マウスの左ボタンを1回押します。

●右クリック
マウスの右ボタンを1回押します。

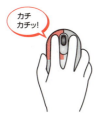

●ダブルクリック
マウスの左ボタンを続けて2回押します。

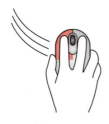

●ドラッグ
マウスの左ボタンを押したまま、マウスを動かします。

マウスを動かすコツ
マウスを上手に動かすコツは、次のとおりです。
- ●マウスをディスプレイに対して垂直に置きます。
- ●マウスが机から出てしまったり物にぶつかったりして、動かせなくなった場合には、いったんマウスを持ち上げて動かせる場所に戻します。マウスを持ち上げている間、画面上のマウスポインターは動きません。

2 タッチ操作

パソコンに接続されているディスプレイがタッチ機能に対応している場合は、マウスの代わりに**「タッチ」**で操作することも可能です。画面に表示されているアイコンや文字に、直接触れるだけでよいので、すぐに慣れて使いこなせるようになります。
タッチの基本的な操作方法を確認しましょう。

●タップ

画面の項目を軽く押します。項目の選択や決定に使います。

●ドラッグ

画面の項目に指を触れたまま、目的の方向に長く動かします。項目の移動などに使います。

●スライド

指を目的の方向に払うように動かします。画面のスクロールなどに使います。

●ズーム

2本の指を使って、指と指の間を広げたり狭めたりします。画面の拡大・縮小などに使います。

●長押し

画面の項目に指を触れ、枠が表示されるまで長めに押したままにします。マウスの右クリックに相当する操作で、ショートカットメニューの表示などに使います。

Step3 Windows 10の起動

1 Windows 10の起動

パソコンの電源を入れて、Windowsを操作可能な状態にすることを「**起動**」といいます。
Windows 10を起動しましょう。

①パソコン本体の電源ボタンを押して、パソコンに電源を入れます。

ロック画面が表示されます。

※パソコン起動時のパスワードを設定していない場合、この画面は表示されません。

② クリックします。
　※ は、マウス操作を表します。
　 画面を下端から上端にスライドします。
　※ は、タッチ操作を表します。

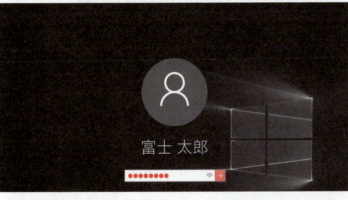

パスワード入力画面が表示されます。
※パソコン起動時のパスワードを設定していない場合、この画面は表示されません。

③パスワードを入力します。
※入力したパスワードは「●」で表示されます。
※ を押している間、入力したパスワードが表示されます。

④ → を選択します。

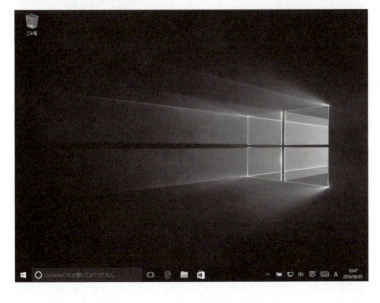

Windowsが起動し、デスクトップが表示されます。

> ⚠ **POINT** ▶▶▶
>
> ### パスワードの設定
>
> パソコン起動時のパスワードを設定していない場合、ロック画面やパスワード入力画面は表示されません。すぐにデスクトップが表示されます。
> パスワードを設定する方法は、次のとおりです。
>
> ◆ ⊞ (スタート)→《設定》→《アカウント》→《サインインオプション》→《パスワード》の《追加》

132

Step 4 Windowsの画面構成

1 デスクトップの画面構成

Windowsを起動すると表示される画面を「**デスクトップ**」といいます。
デスクトップの画面構成を確認しましょう。

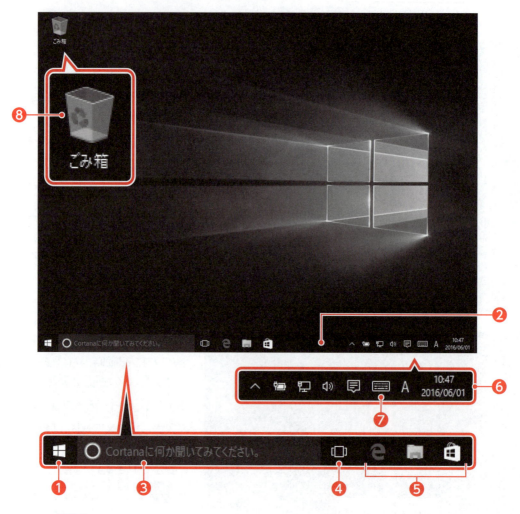

❶ （スタート）
選択すると、スタートメニューが表示されます。

❷ **タスクバー**
作業中のアプリがアイコンで表示される領域です。机の上（デスクトップ）で行っている仕事（タスク）を確認できます。

❸ **検索ボックス**
インターネット検索、ヘルプ検索、ファイル検索などを行うときに使います。この領域に調べたい内容のキーワードを入力したり、マイクを使って質問したりすると、答えが表示されます。

❹ （タスクビュー）
複数のアプリを同時に起動している場合に、作業対象のアプリを切り替えます。

❺タスクバーにピン留めされたアプリ

タスクバーに登録されているアプリを表します。頻繁に使うアプリは、この領域に登録しておくと、アイコンを選択するだけですぐに起動できるようになります。初期の設定では、 e （Microsoft Edge）と （エクスプローラー）、 （ストア）が登録されています。

❻通知領域

インターネットの接続状況やスピーカーの設定状況などを表すアイコンや、現在の日付と時刻などが表示されます。また、Windowsからユーザーにお知らせがある場合、この領域に通知メッセージが表示されます。

❼ （タッチキーボード）

選択すると、タッチキーボードが表示されます。タッチ操作で文字を入力できます。

❽ ごみ箱

不要になったファイルやフォルダーを一時的に保管する場所です。ごみ箱から削除すると、パソコンから完全に削除されます。

2 スタートメニューの表示

デスクトップの （スタート）を選択して、スタートメニューを表示しましょう。

① （スタート）を選択します。

スタートメニューが表示されます。

 スタートメニューの表示の解除

スタートメニューの表示を解除する方法は、次のとおりです。
◆ Esc
◆スタートメニュー以外の場所を選択

3 スタートメニューの確認

スタートメニューを確認しましょう。

❶ユーザー名
現在、作業しているユーザーの名前が表示されます。

❷よく使うアプリ
ユーザーがよく利用するアプリをWindowsが認識して、自動的に表示します。一覧から選択すると、起動します。

❸電源
Windowsを終了してパソコンの電源を切ったり、Windowsを再起動したりするときに使います。

❹すべてのアプリ
パソコンに搭載されているアプリの一覧を表示します。
アプリは上から「**数字**」「**アルファベット**」「**ひらがな**」の順番に並んでいます。

❺スタートメニューにピン留めされたアプリ
スタートメニューに登録されているアプリを表します。頻繁に使うアプリは、この領域に登録しておくと、アイコンを選択するだけですばやく起動できるようになります。

Step5 ウィンドウの基本操作

1 アプリの起動

Windowsには、あらかじめ便利なアプリが用意されています。
ここでは、たくさんのアプリの中から**「メモ帳」**を使って、ウィンドウがどういうものなのかを確認しましょう。メモ帳は、テキストファイルを作成したり、編集したりするソフトで、Windowsに標準で搭載されています。
メモ帳を起動しましょう。

① ■ (スタート) を選択します。

スタートメニューが表示されます。
②**《すべてのアプリ》**を選択します。

136

パソコンに入っているすべてのアプリが表示されます。

③ スクロールバー内のボックスをドラッグして、《W》を表示します。
アプリの一覧表示をスライドして、《W》を表示します。

④《Windowsアクセサリ》を選択します。

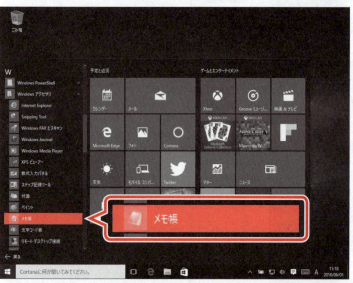

《Windowsアクセサリ》の一覧が表示されます。

⑤《メモ帳》を選択します。

メモ帳が起動します。

⑥ タスクバーにメモ帳のアイコンが表示されていることを確認します。

2 ウィンドウの画面構成

起動したアプリは、「**ウィンドウ**」と呼ばれる四角い枠で表示されます。
ウィンドウの画面構成を確認しましょう。

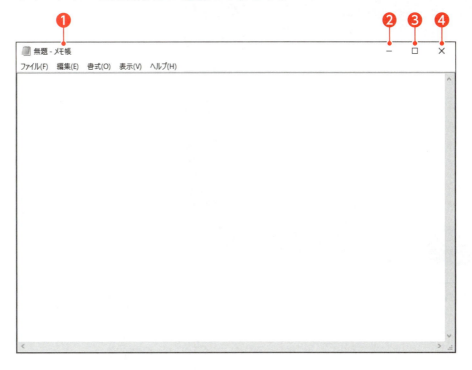

❶ **タイトルバー**
起動したアプリや開いているファイルの名前が表示されます。

❷ ― （**最小化**）
ウィンドウが一時的に非表示になります。
※ウィンドウを再表示するには、タスクバーのアイコンを選択します。

❸ □ （**最大化**）
ウィンドウが画面全体に表示されます。
※ウィンドウを最大化すると、□ （最大化）は ❐ （元に戻す（縮小））に切り替わります。
　❐ （元に戻す（縮小））を選択すると、ウィンドウは最大化する前のサイズに戻ります。

❹ × （**閉じる**）
ウィンドウが閉じられ、アプリが終了します。

付録1 Windows 10の基礎知識

3 ウィンドウの最大化

《**メモ帳**》ウィンドウを最大化して、画面全体に大きく表示しましょう。

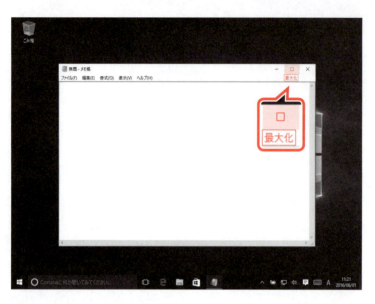

① ▢ (最大化)を選択します。

ウィンドウが画面全体に表示されます。
※ ▢ (最大化)が ▢ (元に戻す(縮小))に切り替わります。

② ▢ (元に戻す(縮小))を選択します。

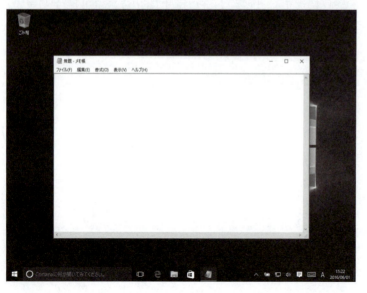

ウィンドウが元のサイズに戻ります。
※ ▢ (元に戻す(縮小))が ▢ (最大化)に切り替わります。

4 ウィンドウの最小化

《メモ帳》ウィンドウを一時的に非表示にしましょう。

① ― (最小化)を選択します。

ウィンドウが非表示になります。
②タスクバーにメモ帳のアイコンが表示されていることを確認します。
※ウィンドウを最小化しても、アプリは起動しています。
③タスクバーのメモ帳のアイコンを選択します。

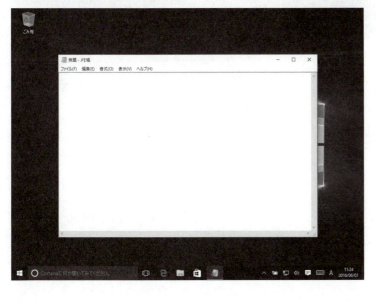

《メモ帳》ウィンドウが再表示されます。

5 ウィンドウの移動

ウィンドウの場所は移動できます。ウィンドウを移動するには、ウィンドウのタイトルバーをドラッグします。
《メモ帳》ウィンドウを移動しましょう。

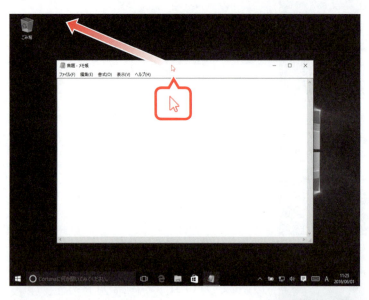

① タイトルバーをポイントし、マウスポインターの形が に変わったら、図のようにドラッグします。
タイトルバーに指を触れたまま、図のようにドラッグします。

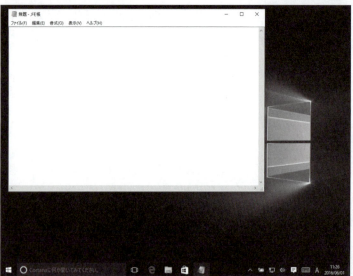

《メモ帳》ウィンドウが移動します。
※指を離した時点で、ウィンドウの位置が確定されます。

6 ウィンドウのサイズ変更

ウィンドウは拡大したり縮小したり、サイズを変更できます。ウィンドウのサイズを変更するには、ウィンドウの周囲の境界線をドラッグします。
《メモ帳》ウィンドウのサイズを変更しましょう。

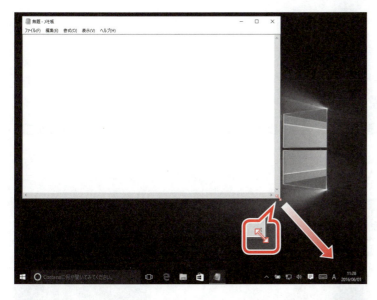

① 《メモ帳》ウィンドウの右下の境界線をポイントし、マウスポインターの形が に変わったら、図のようにドラッグします。

《メモ帳》ウィンドウの右下を図のようにドラッグします。

《メモ帳》ウィンドウのサイズが変更されます。
※指を離した時点で、ウィンドウのサイズが確定されます。

タイトルバーによるウィンドウのサイズ変更

ウィンドウのタイトルバーをドラッグすることで、ウィンドウのサイズを変更することもできます。

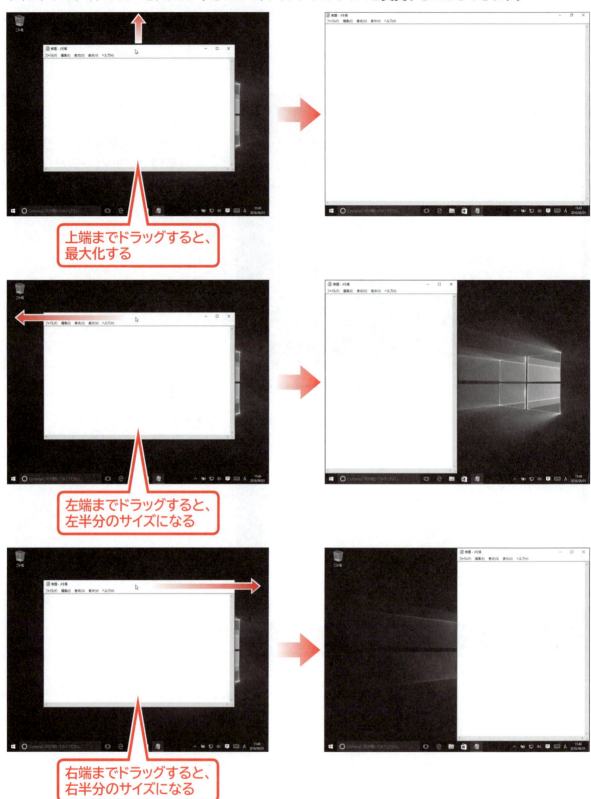

7 アプリの終了

ウィンドウを閉じると、アプリは終了します。
メモ帳を終了しましょう。

① ✕ (閉じる)を選択します。

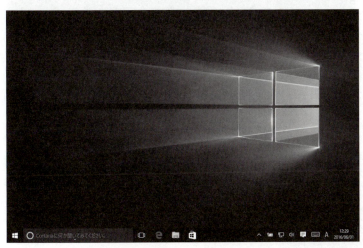

ウィンドウが閉じられ、メモ帳が終了します。
② タスクバーからメモ帳のアイコンが消えていることを確認します。

POINT ▶▶▶
終了時のメッセージ

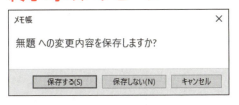

メモ帳で作成した文書を保存せずに終了しようとすると、保存するかどうかを確認するメッセージが表示されます。保存する場合は《保存する》、保存しない場合は《保存しない》を選択します。

POINT ▶▶▶
「最小化」と「閉じる」の違い

− (最小化)を選択すると、一時的にウィンドウを非表示にし、タスクバーにアイコンで表示されますが、アプリは起動しています。それに対して ✕ (閉じる)を選択すると、ウィンドウが閉じられるだけでなく、アプリも終了します。
作業一時中断は − (最小化)、作業終了は ✕ (閉じる)と覚えておきましょう。

Step 6 ファイルの基本操作

1 ファイル管理

Windowsには、アプリで作成したファイルを管理する機能が備わっています。ファイルをコピーしたり移動したり、フォルダーごとに分類したりできます。ファイルはアイコンで表示されます。アイコンの絵柄は、作成するアプリの種類によって決まっています。

メモ帳　　　　Word　　　　Excel

2 ファイルのコピー

ファイルを「**コピー**」すると、そのファイルとまったく同じ内容のファイルをもうひとつ複製できます。
《**ドキュメント**》にあるファイルをデスクトップにコピーする方法を確認しましょう。
※本書では、《ドキュメント》にあらかじめファイル「練習」を用意して操作しています。

①タスクバーの ▣ （エクスプローラー）を選択します。

エクスプローラーが起動します。
②《**PC**》を選択します。
③《**PC**》の左側の ▷ を選択します。

付録1　Windows 10の基礎知識

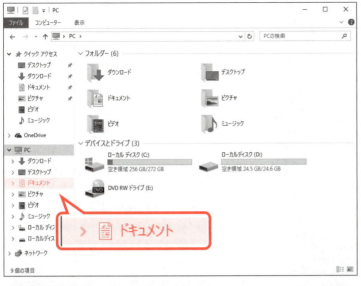

《PC》の一覧が表示されます。

④左側の一覧から《ドキュメント》を選択します。

《ドキュメント》が表示されます。

⑤ 🖱 コピーするファイルを右クリックします。
　👆 コピーするファイルを長押しします。

ショートカットメニューが表示されます。

⑥《コピー》を選択します。

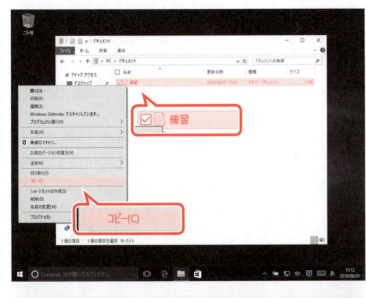

⑦ 🖱 デスクトップの空き領域を右クリックします。
　👆 デスクトップの空き領域を長押しします。

ショートカットメニューが表示されます。

⑧《貼り付け》を選択します。

デスクトップにファイルがコピーされます。

> **POINT ▶▶▶**
>
> **ファイルの移動**
> ファイルを移動する方法は、次のとおりです。
> ◆ 🖱 移動元のファイルを右クリック→《切り取り》→移動先の場所を右クリック→《貼り付け》
> 👆 移動元のファイルを長押し→《切り取り》→移動先の場所を長押し→《貼り付け》

3 ファイルの削除

パソコン内のファイルは、誤って削除することを防ぐために、2段階の操作で完全に削除されます。

ファイルを削除すると、いったん**「ごみ箱」**に入ります。ごみ箱は、削除されたファイルを一時的に保管しておく場所です。ごみ箱にあるファイルはいつでも復元して、もとに戻すことができます。ごみ箱からファイルを削除すると、完全にファイルはなくなり、復元できなくなります。十分に確認した上で、削除の操作を行いましょう。

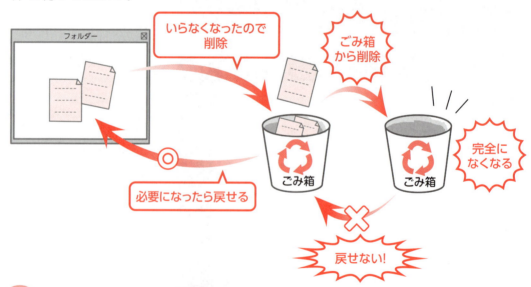

> **POINT ▶▶▶**
>
> **ごみ箱のアイコン**
> ごみ箱のアイコンは、状態によって、次のように絵柄が異なります。
>
> ●ごみ箱が空の状態　　　　●ごみ箱にファイルが入っている状態
>
>

1 ごみ箱にファイルを入れる

《ドキュメント》にあるファイルを削除する方法を確認しましょう。

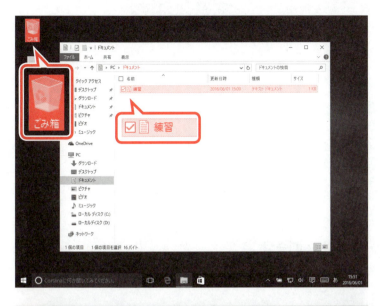

①《ごみ箱》が空の状態 🗑 で表示されていることを確認します。
②《ドキュメント》が表示されていることを確認します。
③削除するファイルを選択します。
④ Delete を押します。

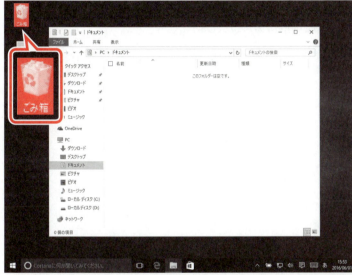

ファイルが《ドキュメント》から削除され、ごみ箱に入ります。
⑤《ごみ箱》にファイルが入っている状態 🗑 に変わっていることを確認します。
※ × (閉じる)を選択し、《ドキュメント》を閉じておきましょう。

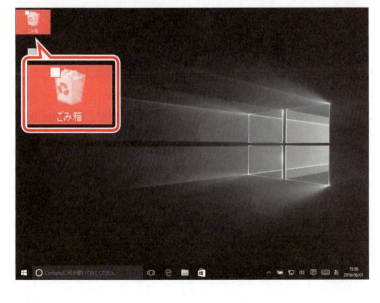

削除したファイルがごみ箱に入っていることを確認します。
⑥ 🖱《ごみ箱》をダブルクリックします。
　 👆《ごみ箱》を2回続けてタップします。

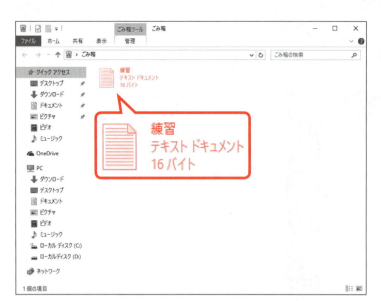

《ごみ箱》が表示されます。
⑦削除したファイルが表示されていることを確認します。

2 ごみ箱からファイルを削除する

《ごみ箱》に入っているファイルを削除すると、ファイルは完全にパソコンからなくなります。
《ごみ箱》に入っているファイルを削除しましょう。

①《ごみ箱》が表示されていることを確認します。
②削除するファイルを選択します。
③ Delete を押します。

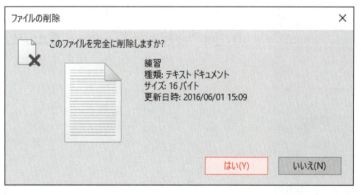

《ファイルの削除》が表示されます。
④《はい》を選択します。

《ごみ箱》内からファイルが削除されます。

※《ごみ箱》からすべてのファイルが削除されると、デスクトップの《ごみ箱》が空の状態に変わります。

※ × （閉じる）を選択し、《ごみ箱》を閉じておきましょう。

ごみ箱のファイルをもとに戻す

STEP UP ごみ箱に入っているファイルをもとに戻す方法は、次のとおりです。

◆（ごみ箱）をダブルクリック→ファイルを右クリック→《元に戻す》

（ごみ箱）を2回続けてタップ→ファイルを長押し→《元に戻す》

ごみ箱を空にする

STEP UP ごみ箱に入っているファイルをまとめて削除して、ごみ箱を空にする方法は、次のとおりです。

◆（ごみ箱）をダブルクリック→《管理》タブ→《管理》グループの （ごみ箱を空にする）→《はい》

（ごみ箱）を2回続けてタップ→《管理》タブ→《管理》グループの （ごみ箱を空にする）→《はい》

POINT ▶▶▶

ごみ箱に入らないファイル

USBメモリやCDなど、持ち運びできる媒体に保存されているファイルは、ごみ箱に入らず、すぐに削除されてしまいます。いったん削除すると、もとに戻せないので、十分に注意しましょう。

Step 7 Windows 10の終了

1 Windows 10の終了

パソコンの作業を終わることを「**終了**」といいます。Windowsの作業を終了し、パソコンの電源を完全に切るには、「**シャットダウン**」を実行します。
Windows 10を終了し、パソコンの電源を切りましょう。

①　(スタート)を選択します。
②《電源》を選択します。

③《シャットダウン》を選択します。
Windowsが終了し、パソコンの電源が切断されます。

POINT ▶▶▶

スリープ

Windowsには「スリープ」と「シャットダウン」という終了方法があります。シャットダウンは、パソコンの電源が完全に切れるので、保存しておきたいデータは保存してからシャットダウンします。それに対してスリープで終了すると、パソコンが省電力状態になります。スリープ状態になる直前の作業状態が保存されるため、アプリが起動中でもかまいません。スリープ状態を解除すると、保存されていた作業状態に戻るので、作業をすぐに再開できます。パソコンがスリープの間、微量の電力が消費されます。
◆　(スタート)→《電源》→《スリープ》
※スリープ状態を解除するには、パソコン本体の電源ボタンを押します。

付録2

Appendix 2

Office 2016の基礎知識

Step1	コマンドの実行方法	153
Step2	タッチモードへの切り替え	160
Step3	Excelのタッチ操作	162
Step4	タッチキーボード	167
Step5	タッチ操作の範囲選択	169
Step6	操作アシストの利用	171

Step1 コマンドの実行方法

1 コマンドの実行

作業を進めるための指示を「**コマンド**」、指示を与えることを「**コマンドを実行する**」といいます。コマンドを実行して、書式を設定したり、ファイルを保存したりします。
コマンドを実行する方法には、次のようなものがあります。
作業状況や好みに合わせて、使いやすい方法で操作しましょう。

- ●リボン
- ●バックステージビュー
- ●ミニツールバー
- ●クイックアクセスツールバー
- ●ショートカットメニュー
- ●ショートカットキー

2 リボン

「**リボン**」には、Excelの機能を実現するための様々なコマンドが用意されています。ユーザーはリボンを使って、行いたい作業を選択します。
リボンの各部の名称と役割は、次のとおりです。

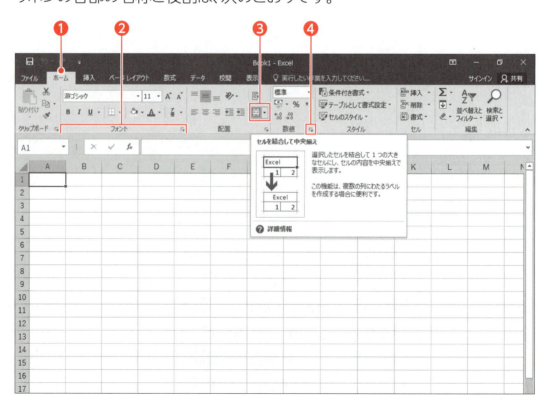

❶タブ
関連する機能ごとに、ボタンが分類されています。

❷グループ
各タブの中で、関連するボタンがグループごとにまとめられています。

❸ボタン
ポイントすると、ボタンの名前と説明が表示されます。クリックすると、コマンドが実行されます。▼が表示されているボタンは、▼をクリックすると、一覧に詳細なコマンドが表示されます。

❹起動ツール
クリックすると、「**ダイアログボックス**」や「**作業ウィンドウ**」が表示されます。

POINT ▶▶▶

その他のタブ

グラフや図形、テーブルなどが操作対象のとき、新しいタブが自動的に表示されます。
操作対象に応じてリボンの内容が切り替わるので、目的のコマンドを探しやすくなっています。

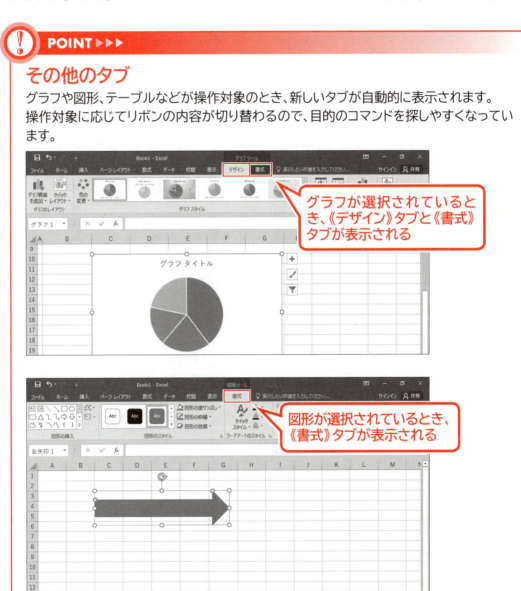

グラフが選択されているとき、《デザイン》タブと《書式》タブが表示される

図形が選択されているとき、《書式》タブが表示される

ダイアログボックス

リボンのボタンをクリックすると、「ダイアログボックス」が表示される場合があります。
ダイアログボックスでは、コマンドを実行するための詳細な設定を行います。
ダイアログボックスの各部の名称と役割は、次のとおりです。

●《ホーム》タブ→《フォント》グループの をクリックした場合

❶**タイトルバー**
ダイアログボックスの名称が表示されます。

❷**タブ**
ダイアログボックス内の項目が多い場合に、関連する項目ごとに見出し（タブ）が表示されます。タブを切り替えて、複数の項目をまとめて設定できます。

❸**ドロップダウンリストボックス**
 をクリックすると、選択肢が一覧で表示されます。

❹**チェックボックス**
クリックして、選択します。
☑オン（選択されている状態）
☐オフ（選択されていない状態）

●《ページレイアウト》タブ→《ページ設定》グループの をクリックした場合

❺**オプションボタン**
クリックして、選択肢の中からひとつだけ選択します。
◉オン（選択されている状態）
◯オフ（選択されていない状態）

❻**スピンボタン**
クリックして、数値を指定します。
テキストボックスに数値を直接入力することもできます。

作業ウィンドウ

リボンのボタンをクリックすると、「作業ウィンドウ」が表示される場合があります。
選択したコマンドによって、作業ウィンドウの使い方は異なります。
作業ウィンドウの各部の名称と役割は、次のとおりです。

●《ホーム》タブ→《クリップボード》グループの をクリックした場合

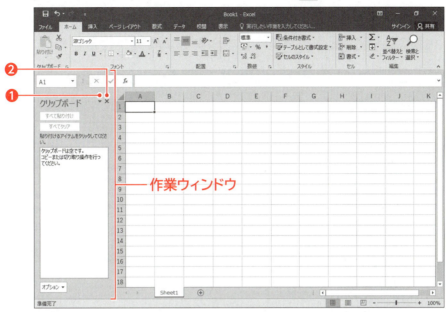

❶ ▼ （作業ウィンドウオプション）
作業ウィンドウのサイズや位置を変更したり、作業ウィンドウを閉じたりします。

❷ × （閉じる）
作業ウィンドウを閉じます。

ボタンの形状

ディスプレイの画面解像度やウィンドウのサイズによって、ボタンの形状やサイズが異なる場合があります。

●画面解像度が高い場合／ウィンドウのサイズが大きい場合

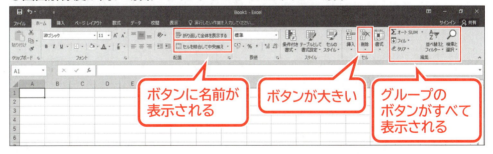

●画面解像度が低い場合／ウィンドウのサイズが小さい場合

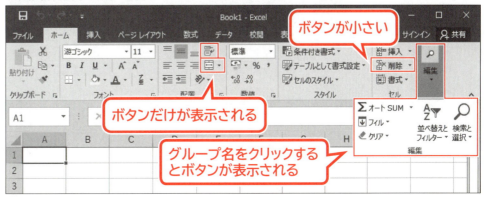

3 バックステージビュー

《ファイル》タブをクリックすると表示される画面を「バックステージビュー」といいます。

バックステージビューには、ファイルや印刷などのブック全体を管理するコマンドが用意されています。左側の一覧にコマンドが表示され、右側にはコマンドに応じて、操作をサポートする様々な情報が表示されます。

●《ファイル》タブ→《印刷》をクリックした場合

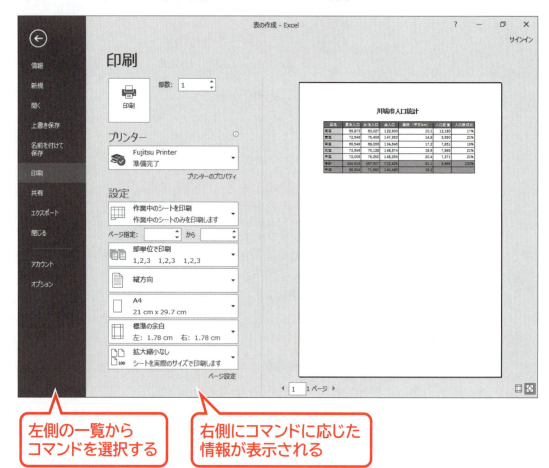

左側の一覧から
コマンドを選択する

右側にコマンドに応じた
情報が表示される

※コマンドによっては、クリックするとすぐにコマンドが実行され、右側に情報が表示されない場合もあります。

バックステージビューの表示の解除

《ファイル》タブをクリックした後、バックステージビューを解除してもとの表示に戻る方法は、次のとおりです。
◆左上の をクリック
◆[Esc]

4 ミニツールバー

セル内の文字を選択したり、選択した範囲を右クリックしたりすると、選択箇所の近くに**「ミニツールバー」**が表示されます。
ミニツールバーには、よく使う書式設定のボタンが用意されています。

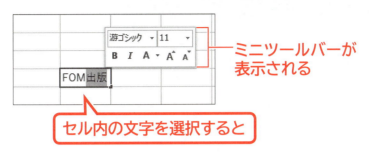
ミニツールバーが表示される
セル内の文字を選択すると

 ミニツールバーの表示の解除

ミニツールバーの表示を解除する方法は、次のとおりです。
◆[Esc]
◆ミニツールバーが表示されていない場所をポイント

5 クイックアクセスツールバー

「クイックアクセスツールバー」には、あらかじめいくつかのコマンドが登録されていますが、あとからユーザーがよく使うコマンドを自由に登録することもできます。クイックアクセスツールバーにコマンドを登録しておくと、リボンのタブを切り替えたり階層をたどったりする手間が省けるので効率的です。

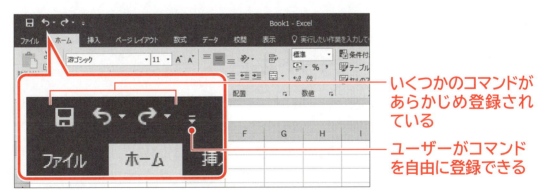
いくつかのコマンドがあらかじめ登録されている
ユーザーがコマンドを自由に登録できる

 クイックアクセスツールバーのユーザー設定

クイックアクセスツールバーにコマンドを登録するには、▼（クイックアクセスツールバーのユーザー設定）をクリックし、一覧からコマンドを選択します。一覧に表示されていない場合は、《その他のコマンド》をクリックすると表示される《Excelのオプション》ダイアログボックスで設定します。

6 ショートカットメニュー

任意の場所を右クリックすると、**「ショートカットメニュー」**が表示されます。
ショートカットメニューには、作業状況に合ったコマンドが表示されます。

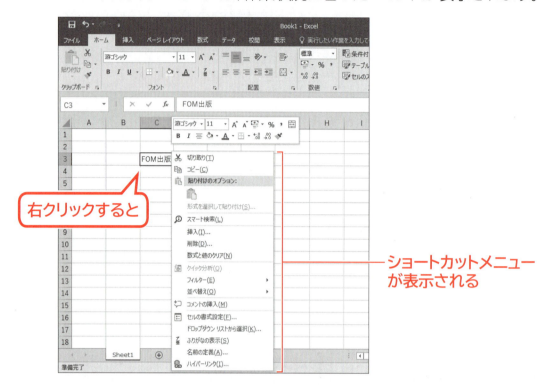

ショートカットメニューの表示の解除

ショートカットメニューの表示を解除する方法は、次のとおりです。
◆
◆ショートカットメニューが表示されていない場所をクリック

7 ショートカットキー

よく使うコマンドには、**「ショートカットキー」**が割り当てられています。キーボードのキーを押すことでコマンドが実行されます。
キーボードからデータを入力したり編集したりしているときに、マウスに持ち替えることなくコマンドを実行できるので効率的です。
リボンやクイックアクセスツールバーのボタンをポイントすると、コマンドによって対応するショートカットキーが表示されます。

Step 2 タッチモードへの切り替え

1 タッチ対応ディスプレイ

パソコンに接続されているディスプレイがタッチ機能に対応している場合は、マウスの代わりに**「タッチ」**で操作することも可能です。画面に表示されているアイコンや文字に、直接触れるだけでよいので、すぐに慣れて使いこなせるようになります。

2 タッチモードへの切り替え

Office 2016には、タッチ操作に適した**「タッチモード」**が用意されています。画面をタッチモードに切り替えると、リボンに配置されたボタンの間隔が広がり、指でボタンを押しやすくなります。

> **POINT ▶▶▶**
>
> マウスモード
> タッチモードに対して、マウス操作に適した標準の画面を「マウスモード」といいます。

●マウスモードのリボン

●タッチモードのリボン

ボタンの間隔が広がる

マウスモードからタッチモードに切り替えましょう。

 Excelを起動し、フォルダー「付録2」のブック「Office2016の基礎知識」を開いておきましょう。

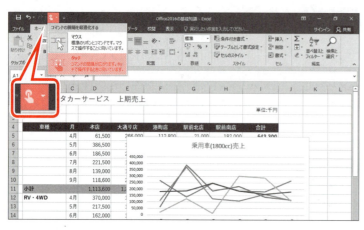

① クイックアクセスツールバーの （タッチ/マウスモードの切り替え）を選択します。

※表示されていない場合は、クイックアクセスツールバーの ▼（クイックアクセスツールバーのユーザー設定）→《タッチ/マウスモードの切り替え》を選択します。

② 《タッチ》を選択します。

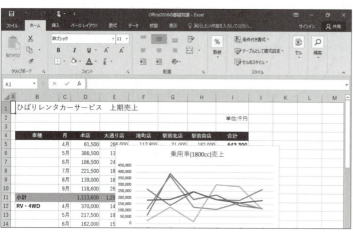

タッチモードに切り替わります。

③ ボタンの間隔が広がっていることを確認します。

インク注釈

タッチ対応のパソコンでは、《校閲》タブに （インク注釈）が表示されます。
 （インク注釈）を選択すると、リボンに《ペン》タブが表示され、フリーハンドでオリジナルのイラストや文字を描画できます。

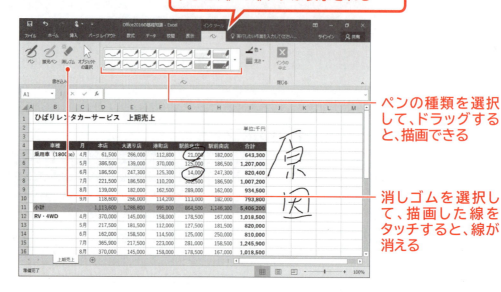

《校閲》タブの （インク注釈）を選択すると、《ペン》タブが表示される

ペンの種類を選択して、ドラッグすると、描画できる

消しゴムを選択して、描画した線をタッチすると、線が消える

Step3 Excelのタッチ操作

1 タップ

マウスでクリックする操作は、タッチの「**タップ**」という操作にほぼ置き換えることができます。タップとは、選択対象を軽く押す操作です。リボンのタブを切り替えたり、ボタンを選択したりするときに使います。
実際にタップを試してみましょう。
ここでは、セル【B1】に太字を設定します。

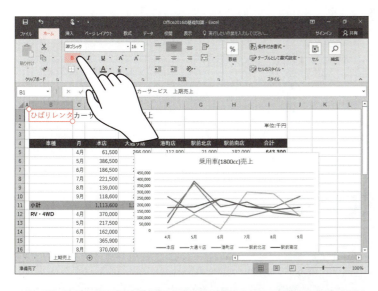

①セル【B1】をタップします。
②《**ホーム**》タブをタップします。
③《**フォント**》グループの **B** （太字）をタップします。

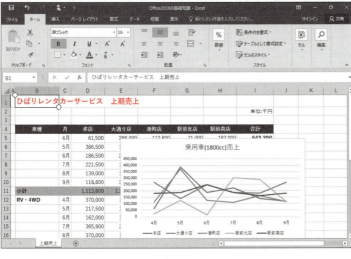

太字が設定されます。

2 スライド

「スライド」とは、指を目的の方向に払うように動かす操作です。画面をスクロールするときに使います。

実際にスライドを試してみましょう。

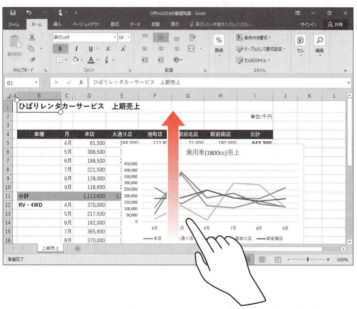

①下から上に軽く払うようにスライドします。

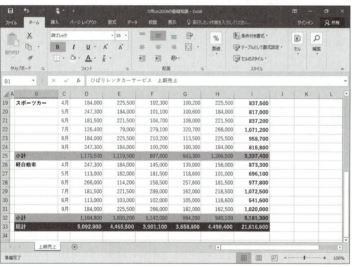

画面がスクロールされます。

 POINT ▶▶▶

画面のスクロール幅
指が画面に軽く触れた状態で払うと、大きくスクロールします。
指が画面にしっかり触れた状態でなぞるように動かすと、動かした分だけスクロールします。

3 ズーム

「ズーム」とは、2本の指を使って、指と指の間を広げたり狭めたりする操作です。シートの表示倍率を拡大したり縮小したりするときに使います。
実際にズームを試してみましょう。

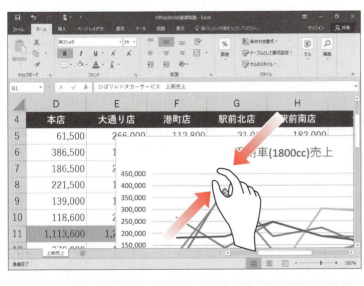

①シートの上で指と指の間を広げます。

シートの表示倍率が拡大されます。
②シートの上で指と指の間を狭めます。

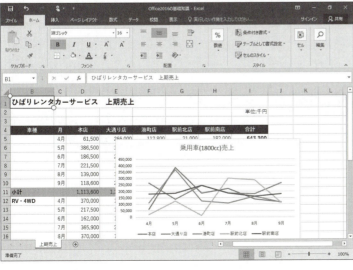

シートの表示倍率が縮小されます。

4 ドラッグ

操作対象を選択して、引きずるように動かす操作をマウスで**「ドラッグ」**といいますが、タッチでも同様の操作を**「ドラッグ」**といいます。
マウスでは机上をドラッグしますが、タッチでは指を使って画面上をドラッグします。
グラフや画像を移動したり、サイズを変更したりするときなどに使います。
実際にドラッグを試してみましょう。
ここでは、グラフのサイズを変更し、移動します。

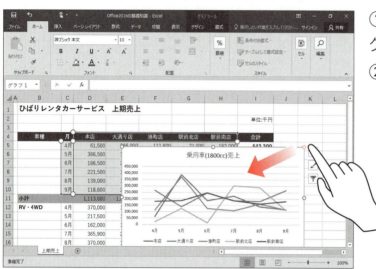

①グラフエリアをタップします。
グラフが選択されます。
②グラフの○（ハンドル）を引きずるように動かしてドラッグします。

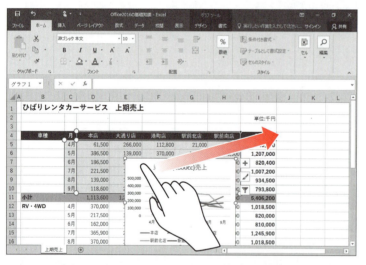

グラフのサイズが変更されます。
③グラフを引きずるように動かします。

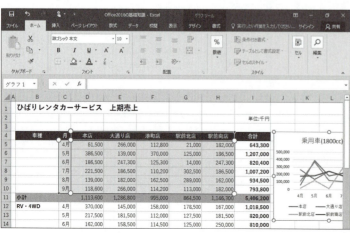

グラフが移動します。
※グラフ以外の場所をタップして、グラフの選択を解除しておきましょう。

5 長押し

マウスを右クリックする操作は、タッチで**「長押し」**という操作に置き換えることができます。
長押しは、操作対象を選択して、長めに押したままにすることです。
ショートカットメニューやミニツールバーを表示するときなどに使います。
実際に長押しを試してみましょう。
ここでは、ショートカットメニューを使って、シート見出しの色を**「薄い青」**にします。

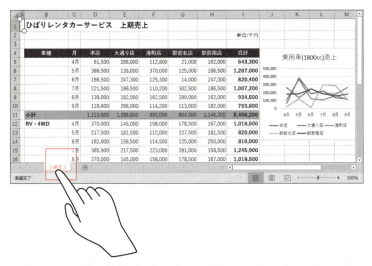

①シート見出しを長押しして、枠が表示されたら指を離します。

ショートカットメニューが表示されます。
②**《シート見出しの色》**をタップします。
③**《標準の色》**の**《薄い青》**をタップします。

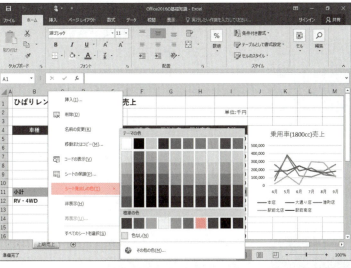

シート見出しの色が薄い青になります。

Step 4 タッチキーボード

1 タッチキーボード

タッチ操作で文字を入力する場合は、「**タッチキーボード**」を使います。
タッチキーボードは、タスクバーの ▭ （タッチキーボード）をタップして表示します。
タッチキーボードを使って、セル【B5】に「**乗用車（1800cc）**」と入力しましょう。

①セル【B5】をタップします。
② ▭ （タッチキーボード）をタップします。

タッチキーボードが表示されます。
③スペースキーの隣が《**あ**》になっていることを確認します。
※《A》になっている場合は、《A》をタップして《あ》に切り替えます。

④《j》《y》《o》《u》《y》《o》《u》《s》《y》《a》を順番にタップします。
※誤ってタップした場合は、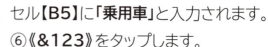をタップして、直前の文字を削除します。
タッチキーボード上部に予測変換の一覧が表示されます。
⑤予測変換の一覧から《**乗用車**》をタップします。

セル【B5】に「**乗用車**」と入力されます。
⑥《&123》をタップします。

付録2 Office 2016の基礎知識

167

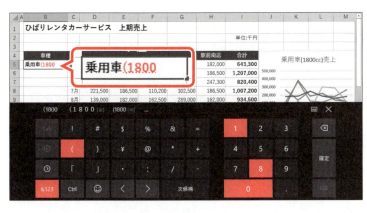

キーボードが記号と数字に切り替わります。

⑦《(》《1》《8》《0》《0》を順番にタップします。

「(1800」と入力されます。

⑧《&123》をタップします。

キーボードが英字の小文字に戻ります。

⑨《c》《c》を順番にタップします。

「cc」と入力されます。

⑩《&123》をタップします。

キーボードが記号と数字に切り替わります。

⑪《)》をタップします。

「)」と入力されます。

文字を確定します。

⑫《**確定**》をタップします。

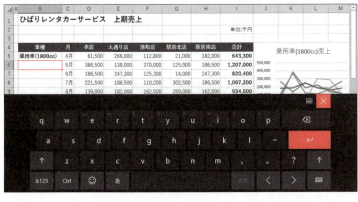

下線が消えます。

データを確定します。

⑬《↵》をタップします。

アクティブセルがセル【B6】に移動します。

タッチキーボードを非表示にします。

⑭ ✕ (閉じる) をタップします。

> **POINT** ▶▶▶
>
> ### 英字の大文字・小文字の切り替え
>
> タッチキーボードの《↑》をタップすると、キーボードの英字が小文字から大文字に切り替わります。再度タップすると、小文字に戻ります。

Step 5 タッチ操作の範囲選択

1 セル範囲の選択

タッチでセル範囲を選択するには、「○（範囲選択ハンドル）」を使います。まず、開始位置のセルをタップし、次に○（範囲選択ハンドル）を終了位置のセルまでドラッグします。

セル範囲【C4:H10】を選択しましょう。

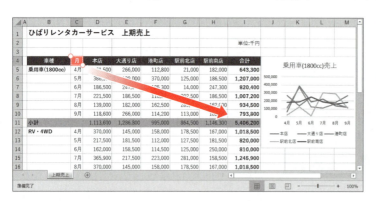

①セル【C4】をタップします。
セルが選択され、セルの左上と右下に○（範囲選択ハンドル）が表示されます。

②セル【C4】の右下の○（範囲選択ハンドル）をセル【H10】までドラッグします。

セル範囲【C4:H10】が選択されます。

> **POINT ▶▶▶**
>
> **複数のセル範囲の選択**
>
> マウス操作では、1つ目のセル範囲を選択して、Ctrl を押しながら2つ目以降のセル範囲を選択すると、離れた場所にある複数のセル範囲を選択できますが、タッチ操作にはこれに相当する機能がありません。
> 複数のセル範囲に同一の書式を設定する場合は、（書式のコピー/貼り付け）を使います。

2 行の選択

行を選択するには、行番号をタップします。複数行をまとめて選択するには、開始行の行番号をタップし、○（範囲選択ハンドル）を最終行までドラッグします。
4～11行目を選択しましょう。

①行番号【4】をタップします。
行が選択され、行の上下に○（範囲選択ハンドル）が表示されます。
②4行目の下の○（範囲選択ハンドル）を11行目までドラッグします。

4～11行目が選択されます。

3 列の選択

列を選択するには、列番号をタップします。複数列をまとめて選択するには、開始列の列番号をタップし、○（範囲選択ハンドル）を最終列までドラッグします。
D～H列を選択しましょう。

①列番号【D】をタップします。
列が選択され、列の左右に○（範囲選択ハンドル）が表示されます。
②D列の右の○（範囲選択ハンドル）をH列までドラッグします。

D～H列が選択されます。
※クイックアクセスツールバーの （タッチ/マウスモードの切り替え）→《マウス》をクリックし、マウスモードに切り替えておきましょう。

Step 6 操作アシストの利用

1 操作アシスト

Excel 2016には、ヘルプ機能を強化した「**操作アシスト**」が用意されています。操作アシストを使うと、機能や用語の意味を調べるだけでなく、リボンから探し出せないコマンドをダイレクトに実行することもできます。

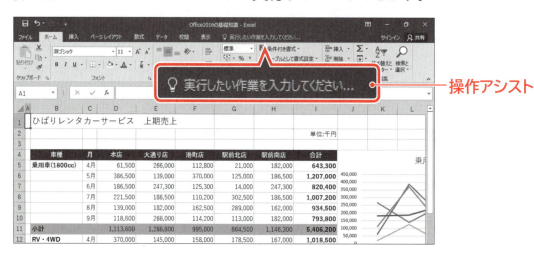

2 操作アシストを使ったコマンドの実行

操作アシストに実行したい作業の一部を入力すると、対応するコマンドを検索し、検索結果の一覧から直接コマンドを実行できます。
操作アシストを使ってグラフを作成しましょう。

①セル範囲【C5:C10】を選択します。
②[Ctrl]を押しながら、セル範囲【I5:I10】を選択します。
③《実行したい作業を入力してください》に「グラフ」と入力します。
検索結果に、グラフに関するコマンドが一覧で表示されます。
④一覧から《グラフの作成》を選択します。

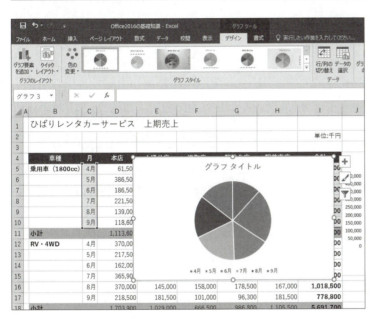

《グラフの挿入》ダイアログボックスが表示されます。

⑤《おすすめグラフ》タブを選択します。
⑥左側の一覧から図のグラフを選択します。
⑦《OK》をクリックします。

グラフが作成されます。

3 操作アシストを使ったヘルプ機能の実行

操作アシストを使って、従来のバージョンのヘルプ機能を実行できます。
「折れ線グラフ」の使い方を調べてみましょう。

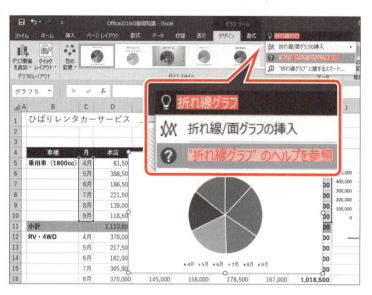

①《実行したい作業を入力してください》に「折れ線グラフ」と入力します。
検索結果に、折れ線グラフに関するコマンドが一覧で表示されます。
②一覧から《"折れ線グラフ"のヘルプを参照》を選択します。

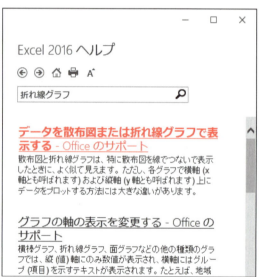

《Excel 2016ヘルプ》ウィンドウが表示されます。
③《データを散布図または折れ線グラフで表示する-Officeのサポート》をクリックします。
※表示する時期によって、内容が異なることがあります。

選択したヘルプの内容が表示されます。
※《Excel 2016ヘルプ》ウィンドウを閉じておきましょう。
※ブックを保存せずに閉じ、Excelを終了しておきましょう。

Index

索引

Index 索引

記号
- ,（カンマ） ……………………… 54
- ＝（等号） ……………………… 33
- ＄（ドル） ……………………… 61

数字
- 3桁区切りカンマの表示 ………… 68

英字
- AVERAGE関数 …………………… 56
- Excelの概要 ……………………… 7
- Excelの画面構成 ………………… 15
- Excelの起動 ……………………… 9
- Excelの基本要素 ………………… 13
- Excelの終了 ……………………… 23
- Excelのスタート画面 …………… 10
- Excelの表示モード ……………… 17
- Excelへようこそ ………………… 10
- OS ………………………………… 129
- SUM関数 ………………………… 54
- Windows 10 ……………………… 129
- Windows 10の起動 ……………… 132
- Windows 10の終了 ……………… 151
- Windowsアップデート …………… 129

あ
- アクティブウィンドウ …………… 14
- アクティブシート ………………… 14
- アクティブシートの保存 ………… 44
- アクティブセル ……………… 14,16
- アクティブセルの保存 …………… 44
- 値軸 ………………………………… 95
- 新しいシート ……………………… 16
- 新しいブックの作成 ……………… 25
- アプリ …………………………… 129
- アプリの起動 …………………… 136
- アプリの終了 …………………… 144

い
- 移動（ウィンドウ） …………… 141
- 移動（グラフ） …………………… 87
- 移動（データ） ……………… 36,43
- 移動（ファイル） ……………… 147
- インク注釈 ……………………… 161
- 印刷（グラフ） …………………… 92
- 印刷（表） …………………… 76,78
- 印刷イメージの確認 ……………… 76

う
- ウィンドウの移動 ……………… 141
- ウィンドウの画面構成 ………… 138
- ウィンドウの最小化 …………… 140
- ウィンドウのサイズ変更 ……… 142
- ウィンドウの最大化 …………… 139
- ウィンドウの操作ボタン ………… 15
- 上書きして修正 …………………… 31
- 上書き保存 ………………………… 46

え
- 円グラフ …………………………… 83
- 円グラフの構成要素 ……………… 85
- 円グラフの作成 …………………… 83
- 演算記号 …………………………… 35

お
- オートフィルオプション ………… 48
- オートフィルの利用 ……………… 47
- おすすめグラフ …………………… 92
- オプションボタン ……………… 155

か

解除（罫線）	62
解除（塗りつぶし）	63
解除（配置）	71
解除（表示形式）	69
解除（フィルター）	109
解除（太字）	66
改ページプレビュー	18
下線	66
画面構成（Excel）	15
画面構成（ウィンドウ）	138
画面構成（デスクトップ）	133
関数	54
関数の入力	54

き

起動（Excel）	9
起動（Windows 10）	132
起動（アプリ）	136
起動（メモ帳）	136
起動ツール	154
行	14
行の削除	75
行の選択	42
行の選択（タッチ操作）	170
行の挿入	74
行の高さの変更	72
行番号	16
切り取り	36
切り離し円の作成	91

く

クイックアクセスツールバー	15,158
クイックアクセスツールバーのユーザー設定	158
クイック分析	41
空白のブック	10
グラフエリア	85,95
グラフ機能	82
グラフシート	95
グラフスタイル	85
グラフタイトル	85,95
グラフタイトルの入力	86
グラフの移動	87
グラフの色の設定	90
グラフの印刷	92
グラフの更新	92
グラフのサイズ変更	88
グラフの削除	92
グラフのスタイルの設定	89
グラフの配置	88
グラフの場所の変更	95
グラフの要素の選択	86
グラフフィルター	85
グラフ要素	85
グラフ要素の書式設定	98
グラフ要素の表示	97
クリア（条件）	108
クリア（データ）	40
クリック	130
クリップボード	36,38,39
グループ	154

け

罫線の解除	62
罫線を引く	62
検索ボックス	10,133

こ

合計	54
降順	104
項目軸	95
コピー（数式）	49
コピー（データ）	38
コピー（ファイル）	145
コマンドの実行	153

索引

ごみ箱 …………………………………134
ごみ箱に入らないファイル …………150
ごみ箱にファイルを入れる …………148
ごみ箱のアイコン ……………………147
ごみ箱のファイルの削除 ……………149
ごみ箱のファイルをもとに戻す ……150
ごみ箱を空にする ……………………150

さ

最近使ったファイル ………………… 10
再計算 ………………………………… 35
最小化 ……………………15,138,140,144
サイズ変更（ウィンドウ）……………142
サイズ変更（グラフ）………………… 88
最大化 ……………………………15,138,139
再変換 ………………………………… 32
サインイン …………………………… 10
作業ウィンドウ …………………154,156
削除（行）…………………………… 75
削除（グラフ）……………………… 92
削除（シート）……………………… 21
削除（ファイル）……………………147
削除（列）…………………………… 75
作成（新しいブック）……………… 25

し

シート ……………………………13,14
シート全体の選択 ………………… 42
シートの切り替え ………………… 21
シートの削除 ……………………… 21
シートのスクロール ……………… 19
シートの挿入 ……………………… 20
シート見出し ……………………… 16
軸ラベル …………………………… 95
斜体 ………………………………… 66
シャットダウン ……………………151
修正（データ）……………………… 31

終了（Excel）………………………… 23
終了（アプリ）………………………144
条件のクリア ………………………108
昇順 …………………………………104
小数点の表示 ……………………… 69
ショートカットキー ………………159
ショートカットツール …………84,85
ショートカットメニュー …………159
ショートカットメニューの表示の解除 … 159
書式設定（グラフ要素）…………… 98

す

垂直方向の配置 …………………… 70
数式 ………………………………… 33
数式のエラー ……………………… 60
数式のコピー ……………………… 49
数式の再計算 ……………………… 35
数式の修正 ………………………… 61
数式の入力 …………………… 33,35,60
数式バー …………………………… 16
数式バーの展開 …………………… 16
数値 ………………………………… 26
数値の入力 …………………………28,48
ズーム ……………………………… 16
ズーム（タッチ操作）……………131,164
スクロール ……………………………19,20
スクロール機能付きマウス ……… 20
スクロールバー …………………… 16
スタート画面（Excel）……………… 10
スタートボタン ……………………133
スタートメニューの確認 …………135
スタートメニューの表示 …………134
スタートメニューの表示の解除 …134
スタイル（グラフ）………………… 89
スタイル（セル）…………………… 67
ステータスバー …………………… 16
スピンボタン ………………………155

すべての条件のクリア ……………109
スライド ……………………… 131,163
スリープ ……………………………151

せ

絶対参照……………………………58,60
セル ……………………………13,14,16
セルの参照 ………………………… 58
セルのスタイルの設定 …………… 67
セル範囲 …………………………… 41
セル範囲の選択 …………………41,42
セル範囲の選択（タッチ操作）………169
セルを結合して中央揃え ………… 71
全セル選択ボタン ………………… 16
選択（行） ………………………… 42
選択（グラフの要素） …………… 86
選択（シート全体） ……………… 42
選択（セル範囲） ………………41,42
選択（データ要素） ……………… 92
選択（複数行） …………………… 42
選択（複数のセル範囲） ………… 42
選択（複数列） …………………… 42
選択（列） ………………………… 42

そ

操作アシスト ………………… 15,171
操作の取り消し …………………… 40
相対参照……………………………58,59
挿入（行） ………………………… 74
挿入（シート） …………………… 20
挿入（列） ………………………… 75
挿入オプション …………………… 75
その他のブック …………………… 10
ソフトウェア ………………………129

た

ダイアログボックス ………… 154,155
タイトルバー ……………… 15,138,155
タスクバー …………………………133
タスクビュー ………………………133
タッチキーボード …………… 134,167
タッチ操作 …………………………131
タッチ対応ディスプレイ ……………160
タッチモード ………………………160
タップ ………………………… 131,162
縦棒グラフ ………………………… 93
縦棒グラフの構成要素 …………… 95
縦棒グラフの作成 ……………… 93,94
タブ …………………………… 154,155
ダブルクリック ……………………130

ち

チェックボックス …………………155
中央揃え …………………………… 70
抽出結果の絞り込み ………………108

つ

通知領域 ……………………………134

て

データ系列 ………………………85,95
データの確定 ……………………… 28
データの修正 ……………………… 31
データの種類 ……………………… 26
データの装飾 ……………………… 64
データの抽出 ………………………107
データの入力 ……………………… 26
データの編集 ……………………… 36
データベース ………………………102
データベース機能 …………………102
データベース用の表 ………………102
データ要素 ………………………… 85

データ要素の選択　………………　92
データラベル　…………………………　85
デスクトップの画面構成　…………133

と

閉じる　……………　15,22,138,144
ドラッグ（タッチ操作）　………　131,165
ドラッグ（マウス操作）　………………130
取り消し　………………………………　40
ドロップダウンリストボックス…………155

な

長い文字列の入力　……………………　30
長押し　……………………………　131,166
名前ボックス　…………………………　16
名前を付けて保存　………………44,46
並べ替え　………………………　102,104

に

入力（関数）　…………………………　54
入力（グラフタイトル）　………………　86
入力（数式）　………………　33,35,60
入力（数値）　………………………28,48
入力（データ）　………………………　26
入力（長い文字列）　…………………　30
入力（日付）　………………………29,47
入力（文字列）　………………………　27
入力（連続データ）　…………………　48
入力中のデータの取り消し　…………　28
入力モードの切り替え　………………　28

ぬ

塗りつぶしの解除　……………………　63
塗りつぶしの設定　……………………　63

は

パーセントの表示　……………………　68
ハードウェア　………………………129

配置の解除………………………………　71
配置の調整………………………………　70
パスワードの設定　……………………132
バックステージビュー……………………157
バックステージビューの表示の解除…157
貼り付け　…………………………36,38
貼り付けのオプション…………………　40
凡例……………………………………85,95

ひ

日付の入力………………………………29,47
表示形式の解除　………………………　69
表示形式の設定　………………………　68
表示選択ショートカット　………………　16
表示倍率の変更　………………………　18
表示モード　……………………………　17
標準（表示モード）　……………………　17
開く（ブック）　……………………11,13

ふ

ファイル管理　…………………………145
ファイルの移動　………………………147
ファイルのコピー　……………………145
ファイルの削除　………………………147
ファイルを開く　………………………　11
フィールド　……………………………102
フィールド名　…………………………102
フィルター　…………………………102,107
フィルターの解除　……………………109
フィルターの実行　……………………107
フォントサイズの設定　………………　64
フォントの色の設定　…………………　65
フォントの設定　………………………　64
複数行の選択……………………………　42
複数のキーによる並べ替え　…………105
複数のセル範囲の選択　………………　42
複数列の選択……………………………　42

ブック	11,13,14
ブックの自動保存	46
ブックの操作	19
ブックの保存	44
ブックを閉じる	22
ブックを開く	11,13
太字の解除	66
太字の設定	66
ふりがなの表示	105
プロットエリア	85,95

へ

平均	56
ページ設定	77
ページレイアウト	18
編集状態にして修正	32

ほ

ホイール	20
ポイント（マウス操作）	130
ホームポジション	16
他のブックを開く	10
保存（アクティブシート）	44
保存（アクティブセル）	44
保存（ブック）	44
ボタン	154
ボタンの形状	37,156

ま

マウス操作	130
マウスポインター	16
マウスモード	160

み

右クリック	130
見出しスクロールボタン	16
ミニツールバー	158
ミニツールバーの表示の解除	158

め

メモ帳の起動	136

も

文字の編集	32
文字列	26
文字列の入力	27
元に戻す（縮小）	15,138

り

リアルタイムプレビュー	63
リボン	16,153
リボンの表示オプション	15

れ

レコード	102
列	14
列の削除	75
列の選択	42
列の選択（タッチ操作）	170
列の挿入	75
列幅の自動調整	73
列幅の変更	72
列番号	16
列見出し	102
列見出しの認識	106
連続データの入力	48

わ

ワークシート	14

Romanize ローマ字・かな対応表

あ	あ A	い I	う U	え E	お O
	ぁ LA XA	ぃ LI XI	ぅ LU XU	ぇ LE XE	ぉ LO XO
か	か KA	き KI	く KU	け KE	こ KO
	きゃ KYA	きぃ KYI	きゅ KYU	きぇ KYE	きょ KYO
さ	さ SA	し SI SHI	す SU	せ SE	そ SO
	しゃ SYA SHA	しぃ SYI	しゅ SYU SHU	しぇ SYE SHE	しょ SYO SHO
た	た TA	ち TI CHI	つ TU TSU	て TE	と TO
			っ LTU XTU		
	ちゃ TYA CYA CHA	ちぃ TYI CYI	ちゅ TYU CYU CHU	ちぇ TYE CYE CHE	ちょ TYO CYO CHO
	てゃ THA	てぃ THI	てゅ THU	てぇ THE	てょ THO
な	な NA	に NI	ぬ NU	ね NE	の NO
	にゃ NYA	にぃ NYI	にゅ NYU	にぇ NYE	にょ NYO
は	は HA	ひ HI	ふ HU FU	へ HE	ほ HO
	ひゃ HYA	ひぃ HYI	ひゅ HYU	ひぇ HYE	ひょ HYO
	ふぁ FA	ふぃ FI		ふぇ FE	ふぉ FO
	ふゃ FYA	ふぃ FYI	ふゅ FYU	ふぇ FYE	ふょ FYO
ま	ま MA	み MI	む MU	め ME	も MO
	みゃ MYA	みぃ MYI	みゅ MYU	みぇ MYE	みょ MYO

や	や YA	い YI	ゆ YU	いぇ YE	よ YO
	ゃ LYA XYA		ゅ LYU XYU		ょ LYO XYO
ら	ら RA	り RI	る RU	れ RE	ろ RO
	りゃ RYA	りぃ RYI	りゅ RYU	りぇ RYE	りょ RYO
わ	わ WA	うぃ WI	う WU	うぇ WE	を WO
ん	ん NN				
が	が GA	ぎ GI	ぐ GU	げ GE	ご GO
	ぎゃ GYA	ぎぃ GYI	ぎゅ GYU	ぎぇ GYE	ぎょ GYO
ざ	ざ ZA	じ ZI JI	ず ZU	ぜ ZE	ぞ ZO
	じゃ JYA ZYA JA	じぃ JYI ZYI	じゅ JYU ZYU JU	じぇ JYE ZYE JE	じょ JYO ZYO JO
だ	だ DA	ぢ DI	づ DU	で DE	ど DO
	ぢゃ DYA	ぢぃ DYI	ぢゅ DYU	ぢぇ DYE	ぢょ DYO
	でゃ DHA	でぃ DHI	でゅ DHU	でぇ DHE	でょ DHO
	どぁ DWA	どぃ DWI	どぅ DWU	どぇ DWE	どぉ DWO
ば	ば BA	び BI	ぶ BU	べ BE	ぼ BO
	びゃ BYA	びぃ BYI	びゅ BYU	びぇ BYE	びょ BYO
ぱ	ぱ PA	ぴ PI	ぷ PU	ぺ PE	ぽ PO
	ぴゃ PYA	ぴぃ PYI	ぴゅ PYU	ぴぇ PYE	ぴょ PYO
ヴ	ヴぁ VA	ヴぃ VI	ヴ VU	ヴぇ VE	ヴぉ VO
っ	後ろに「N」以外の子音を2つ続ける 例：だった→DATTA				
	単独で入力する場合 LTU　XTU				

よくわかる
初心者のためのMicrosoft® Excel® 2016
(FPT1604)

2016年5月30日　初版発行
2020年2月4日　初版第9刷発行

著作／制作：富士通エフ・オー・エム株式会社

発行者：大森　康文

発行所：FOM出版（富士通エフ・オー・エム株式会社）
　　　　〒105-6891　東京都港区海岸1-16-1 ニューピア竹芝サウスタワー
　　　　https://www.fujitsu.com/jp/fom/

印刷／製本：株式会社サンヨー

表紙デザインシステム：株式会社アイロン・ママ

- ■本書は、構成・文章・プログラム・画像・データなどのすべてにおいて、著作権法上の保護を受けています。
  本書の一部あるいは全部について、いかなる方法においても複写・複製など、著作権法上で規定された権利を侵害する行為を行うことは禁じられています。
- ■本書に関するご質問は、ホームページまたは郵便にてお寄せください。
  <ホームページ>
  上記ホームページ内の「FOM出版」から「QAサポート」にアクセスし、「QAフォームのご案内」から所定のフォームを選択して、必要事項をご記入の上、送信してください。
  <郵便>
  次の内容を明記の上、上記発行所の「FOM出版 デジタルコンテンツ開発部」まで郵送してください。
  ・テキスト名　　・該当ページ　　・質問内容（できるだけ詳しく操作状況をお書きください）
  ・ご住所、お名前、電話番号
  　※ご住所、お名前、電話番号など、お知らせいただきました個人に関する情報は、お客様ご自身とのやり取りのみに使用させていただきます。ほかの目的のために使用することは一切ございません。
  なお、次の点に関しては、あらかじめご了承ください。
  ・ご質問の内容によっては、回答に日数を要する場合があります。
  ・本書の範囲を超えるご質問にはお答えできません。　・電話やFAXによるご質問には一切応じておりません。
- ■本製品に起因してご使用者に直接または間接的損害が生じても、富士通エフ・オー・エム株式会社はいかなる責任も負わないものとし、一切の賠償などは行わないものとします。
- ■本書に記載された内容などは、予告なく変更される場合があります。
- ■落丁・乱丁はお取り替えいたします。

© FUJITSU FOM LIMITED 2016
Printed in Japan

FOM出版のシリーズラインアップ

定番の よくわかる シリーズ

■Microsoft Office

「よくわかる」シリーズは、長年の研修事業で培ったスキルをベースに、ポイントを押さえたテキスト構成になっています。すぐに役立つ内容を、丁寧に、わかりやすく解説しているシリーズです。

Point
1. 学習内容はストーリー性があり実務ですぐに使える！
2. 操作に対応した画面を大きく掲載し視覚的にもわかりやすく工夫されている！
3. 丁寧な解説と注釈で機能習得をしっかりとサポート！
4. 豊富な練習問題で操作方法を確実にマスターできる！自己学習にも最適！

■セキュリティ・ヒューマンスキル

資格試験の よくわかるマスター シリーズ

■MOS試験対策 ※模擬試験プログラム付き！

「よくわかるマスター」シリーズは、IT資格試験の合格を目的とした試験対策用教材です。出題ガイドライン・カリキュラムに準拠している「受験者必携本」です。

模擬試験プログラム

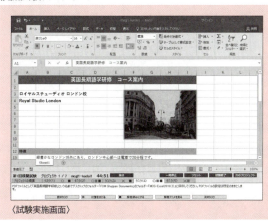

〈試験実施画面〉

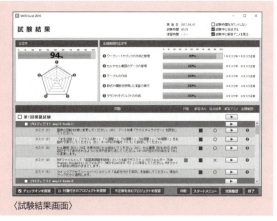

〈試験結果画面〉

■情報処理技術者試験対策

ITパスポート試験

基本情報技術者試験

スマホアプリ
ITパスポート試験 過去問題集

スマホアプリの詳細は

FOM　スマホアプリ

FOM出版テキスト **最新情報**のご案内	→	FOM出版では、お客様の利用シーンに合わせて、最適なテキストをご提供するために、様々なシリーズをご用意しています。 FOM出版 https://www.fom.fujitsu.com/goods/	
FAQのご案内 ［テキストに関する よくあるご質問］	→	FOM出版テキストのお客様Q&A窓口に皆様から多く寄せられたご質問に回答を付けて掲載しています。 FOM出版　FAQ https://www.fom.fujitsu.com/goods/faq/	